百科大探索
CHILDREN'S ENCYCLOPEDIA

探秘海洋
MYSTERIES OF THE SEA

青岛出版社
QINGDAO PUBLISHING HOUSE

目录
CONTENTS

MYSTERIES OF THE SEA

仔细阅读本章，你就能回答出以下问题：

红海是什么颜色？

近海和远洋的颜色一样吗？

地震会引发海啸吗？

海啸发生时，海浪扑来的速度比飞机还快，是真的吗？

跟海洋打个招呼

看到“海洋”两个字，我们的大脑中会浮现出一大片深蓝色的水，大到一眼望不到边。告诉你一个秘密，你不要太惊讶——其实，海是海，洋是洋，海洋不一定是蓝色的。海洋大部分时候是温柔的，不过也有发脾气的时候。当海啸来临时，巨浪翻腾，激流涌动，能摧毁海边的一切东西，在附近玩耍的人们只有逃跑的份儿。

海洋是蓝色的吗

广阔的天空下，湛蓝的大海一望无际，白色的浪花翻滚而来。偶尔有打食的海鸥，静静地盘旋在上空，随时准备着对海里的食物俯冲直下。

欣赏了这幅美丽的海景，你是否已经对题目嗤之以鼻：显而易见，这还需要回答吗？

这个看似简单甚至低智商的问题，事实上隐藏了两个陷阱，我也想说：显而易见，你已经掉了进去。

“海”和“洋”这对双胞胎

我们常把“海洋”挂在嘴边，事实上，海和洋是两个概念，这对太过相像的双胞胎被好多人一不小心当成了一个整体。在此，小迷糊们要跟海、洋两兄弟道个歉了。

洋是海洋的中心部分，也是海洋的主体，约占整个世界海洋面积的89%，算是这对兄弟中的老大了。洋不仅面积大，而且水深较深。水深在3000米以上的才被称为洋。洋远离大陆，广阔而深邃，最深处可达1万多米。世界共有五大洋：太平洋、印度洋、大西洋、北冰洋、南冰洋，它们将世界装点成一个冰蓝色的“水球”。

海，在洋的边缘，将洋紧紧包围。海与陆地衔接，水深较浅，平均深度从几米到2～3千米不等。大多数海洋生物生活在近海，这里水深较浅，可以提供生物生长所需要的阳光。世界上的海有很多，中国就濒临渤海、黄海、东海、南海。

现在弄清了海、洋的区别，当你站在海边，以小导游的身份向大家介绍海洋时，可不许再迷糊了。

颜色是否真本色

海水的湛蓝色确实诱人，但当你把海水捧在手心，或者想把那“蓝色”装进瓶子带回家时，你会发现，海水变得清澈透明。奇怪吧，难道海水也有变色龙的本领?

当七种可见光照射入海水后，波长较长的红、橙、黄等光束穿透力较强，最先进入深水域，而波长较短的青、蓝光线被迫停留在较浅的水面。当遇到海水分子或者其他细微的、悬浮在海里的浮体时，青、蓝光线便向四面反射和散射。

另外，海水可以吸收可见光，不同深度的海水对可见光的吸收不一样。水越深，波长越长的可见光更容易被吸收，有幸射入深海的蓝色光波只有少量被吸收，其余的又被反射出来，连同那些被悬浮物质阻挡在外的蓝色光波一起，将海水映成一片蔚蓝。

如果从高空俯瞰，你会发现近海和大洋的蓝色深浅是有差异的。大洋的颜色呈湛蓝色，越往近海颜色越浅。这是因为大洋水域深，悬浮物质和浮游生物少，颗粒也较小，波长长的可见光被吸收得更多，反射更少。近海海域水深有限，长波光线吸收有限，而且浮游生物多，颗粒大，导致被反射出来的各种不同颜色的光波较多，冲淡了蓝色光波的颜色，所以近海海水多呈浅蓝色。

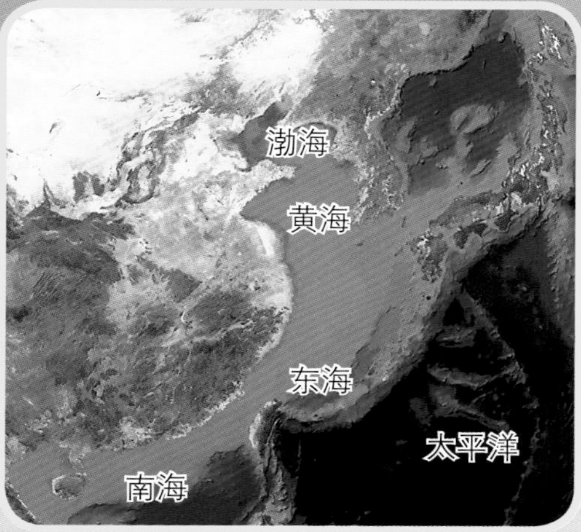

依照海洋的这个光学性质原理，所有的海水都应该呈现蓝色的了？实际上，世界上有些地方的海水是红、黄等其他颜色。这是因为，海水的颜色不光取决于太阳光的辐射，海水自身构成、所处的环境、海洋生物等其他因素也会影响到它的面貌。当这些因素对海水颜色产生的影响大于太阳光的作用时，海水就不得不“改头换面”，变得五彩缤纷了。

五彩缤纷的海

红、黄、蓝、白、黑，没错，我说的这些瑰丽鲜艳的色彩都是大海的颜色，不可思议吧！人们惊讶于它们非同寻常的色彩，用颜色对它们进行了命名。下面有请几大著名的“颜色海”闪亮出镜，让我们领略下大自然的鬼斧神工吧。

黄海 它肯定是大家非常熟悉的海了。它位于我国东部与朝鲜半岛之间。因为注入了从黄土高原上流过的又黄又浊的黄河水，所以黄海近海海域的海水多呈土黄色且混浊，因而得名“黄海”。

红海 位于亚、非两洲之间，两边分别被阿拉伯沙漠和撒哈拉沙漠包围，由于气候干燥，海水温度和盐分都很高，使海内红褐色的珊瑚和海藻大量繁衍，一片片红色的海洋生物为这片海域镀上了一层淡红光泽，因而得名“红海”。

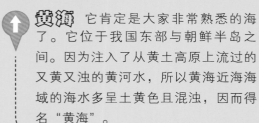

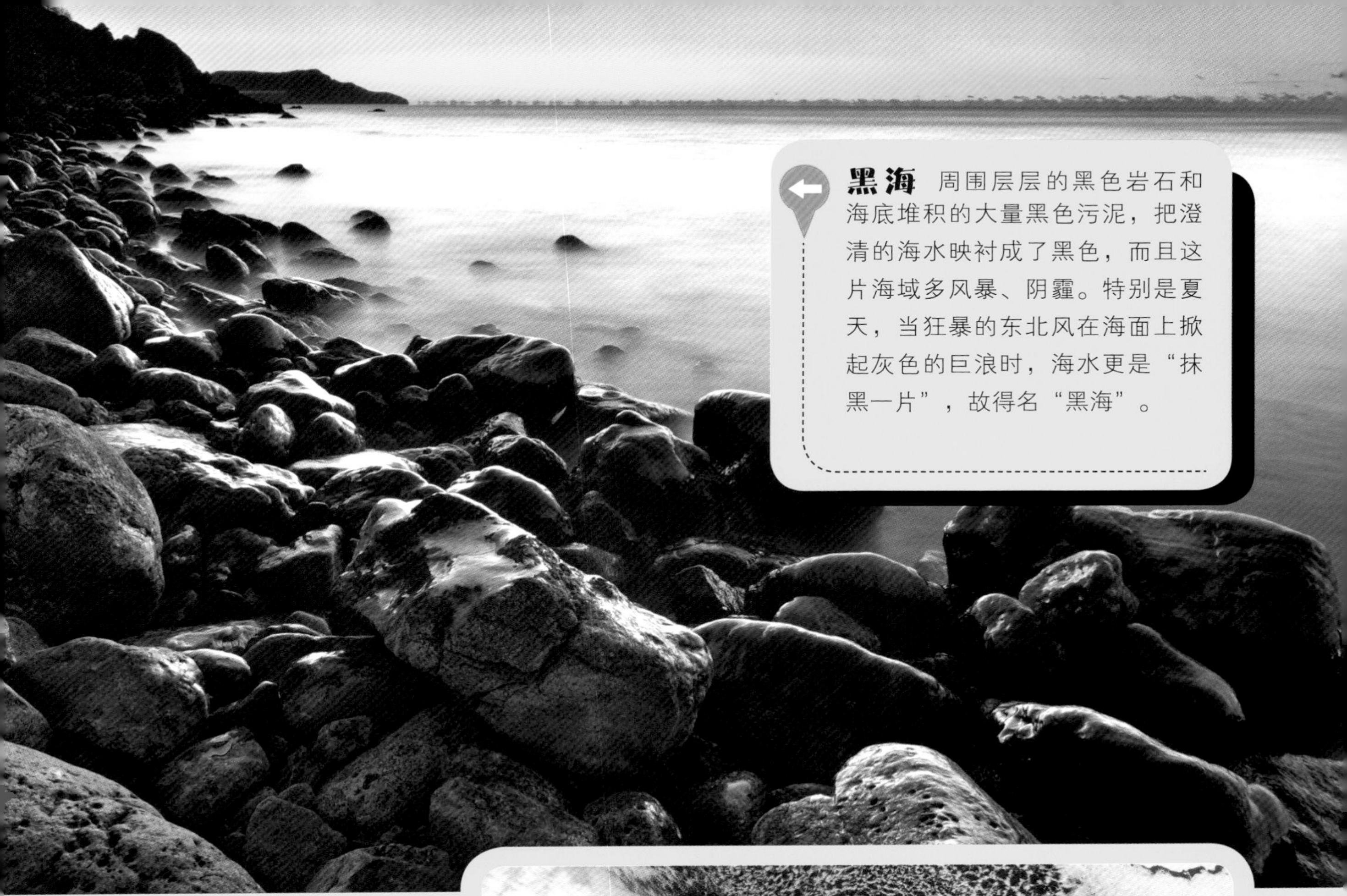

黑海 周围层层的黑色岩石和海底堆积的大量黑色污泥，把澄清的海水映衬成了黑色，而且这片海域多风暴、阴霾。特别是夏天，当狂暴的东北风在海面上掀起灰色的巨浪时，海水更是“抹黑一片”，故得名“黑海”。

白海 它是北冰洋的边缘海，深入俄罗斯西北部内陆，气象异常寒冷，结冰期达6个月之久。掩盖在海岸的白雪常年不化，厚厚的冰层冻结了它的港湾，海面被白雪覆盖，致使我们看到的白海真的是一片“白茫茫”。

生态环境总是环环相扣，更让人讶异的是，海洋的颜色甚至能够影响飓风的形成，这是最新的研究成果。科学家发现浮游生物越少的浅色海域，更少受到台风袭击，这是因为浮游生物吸收海面热量，使阳光更易渗透到深水域，导致海洋表面温度降低，空气对流减弱，减少了飓风的形成。这一成果对预测台风袭击地区有很大的帮助。

"海魔"来袭

它长久潜伏，悄悄行至海岸，然后以最骇人的面目突然出现。它那骇人的力量，令人谈之色变，所到之处，遍地废墟。它难以接近，捉摸不定，仿佛蕴藏着无数的秘密……探索者，出发吧，它就是我们的"猎物"！

猎袭惊魂

那是个百无聊赖的下午。帕克和瑞夫抱着冲浪板来到了沙滩上。就在这时，滚雷般的巨响突然从地底传来，与此同时，大地开始摇晃。

"天哪，是地震！"帕克惊讶地大喊道。这次地震来得快，去得也快。帕克刚反应过来，地面已重新恢复平静。

"还好，它停了。"瑞夫回应道。

他们在沙滩上坐了一会儿，担心地震会不会再次袭来。大概过了十来分钟，一切安然无恙。"走吧，帕克。地震不会再来了。"瑞夫抱起冲浪板向海里跑去，帕克见状也跟了上去。

他们都是冲浪好手，一番闪转腾挪，他们玩得好不快活。"帕克！"瑞夫喊道，口气里充满了惊讶，"浪好像在后退！"

"什么？"就在这时，帕克感到脚下的海水像是突然改变了方向，他顿时失去平衡。惊慌中，他猛抓住冲浪板，只感到海水正把他向后拖去。海水在后退，且速度越来越快。

海啸到来时惊慌的人们。

"瑞夫！"帕克大喊了几声，但没人回应。他顿时心乱如麻：这到底是怎么回事？

此时，在滨海公路上，斯内克老师正带领学生们走在去钓鱼的路上。他朝大海的方向望了望，顿时目瞪口呆——大海在后退。学生们也困惑地望着那里。斯内克愣了愣，终于意识到发生了什么。

"海啸要来了，大家跟紧我，去前面的灰石公园！"斯内克喊道。灰石公园坐落在前方不远处的一座小山丘上。

海水不再后退，却骤然腾起十多米高的巨浪，向海岸猛扑而去。在远处，巨浪卷起一艘游艇，在海岬上将它摔成了碎片。帕克从未见过这么大的浪，他死命抓住冲浪板，随海浪向岸边冲去。

斯内克老师和学生们赶到了灰石公园所在的小山丘，望着下面的情景，每个人都惊呆了。十多米高的巨浪裹挟着被击碎的船板、泥沙涌上沙滩，越过滨海公路，击垮路边的一排餐厅，向着镇子中央涌去。灰石公园此时俨然成了一座岛。激流中，帕克抓住一棵椰子树的树冠。惊魂未定的他看到海水卷着瑞夫的尸体向前涌去……

无边的蓝色、悬浮的海平线、阳光下翻涌的白浪、沙滩上散落的精致贝壳……大海给人的印象总是诗意的、美妙的。但是，它也有蛮横、暴躁的一面，那时的大海好像释放出无数“海魔”，那种黑暗的、毁灭性的力量会带来最沉重、最猛烈的打击。

召唤“海魔”的方法

“我认为，这种现象肯定和地震有关。海会后退，然后以双倍的力量再次涌来，激流奔腾，洪水泛滥。如果没有地震，这种现象不见得会发生。”

——《伯罗奔尼撒战争史》

人类关于海啸的记录由来已久。公元前426年，古希腊历史学家修昔底德便在他的代表作《伯罗奔尼撒战争史》中说到海啸，并提出了自己的对海啸的解释。是的，地震的确能够“召唤”出海啸，但并不是导致海啸的唯一原因。

召唤秘诀

心法：以极大的力量“搅动”海水。

招式1：地震。地震导致海底剧烈摇晃，像是被海底推了一把，海水被施加了一股强大的力量。

招式2：海底火山喷发。有的海底火山“内功深厚”，喷发时会毫不留情地对海水“发力”。

招式3：海底塌方。这就像发生在海底的山崩或泥石流，那开山碎石的力量可不是闹着玩的。

招式4：冰川崩塌。冰川碎裂，巨大的冰块冲进海水，激起的巨浪具有无比的力量。

招式5：陨星撞击。两亿多年前，一颗陨星撞击地球，杀掉了所有恐龙。如果它落进了大海，沿岸必定是海啸肆虐。

招式6：核爆炸。如果在海底引爆一颗大号核弹，强大的力量会引起海啸。

海啸一般是由自然原因引发的，但人类曾尝试制造海啸，以之作为武器。在第二次世界大战期间，新西兰军队就曾试图用爆炸来制造一次小型海啸，不过那次尝试以失败而告终。

地震引发海啸示意图

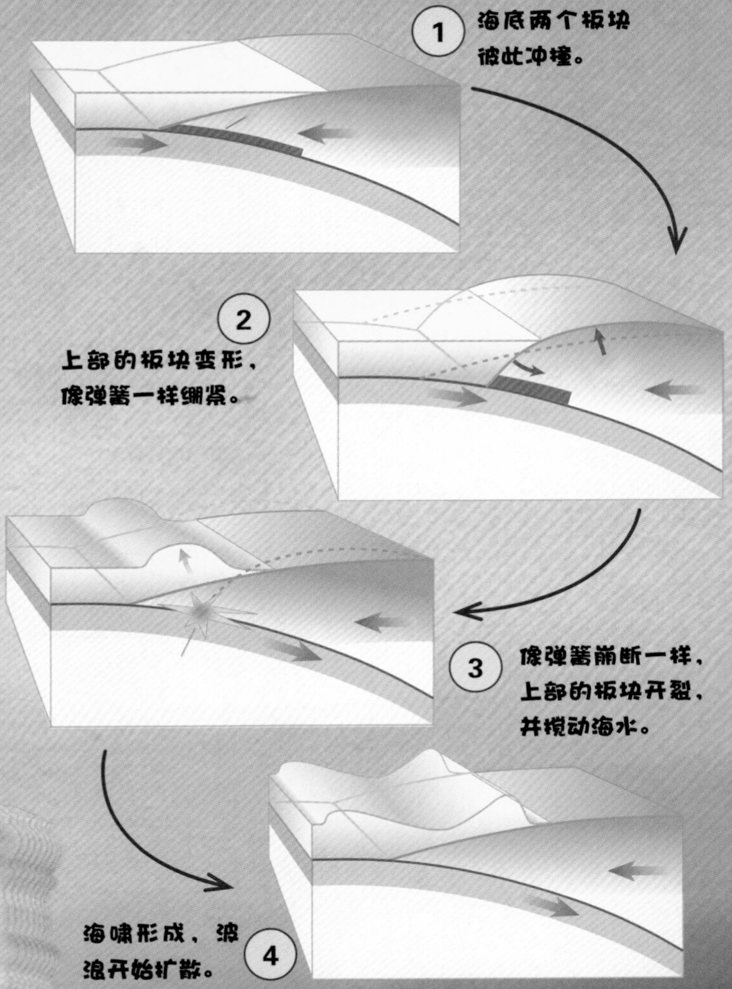
1 海底两个板块彼此冲撞。
2 上部的板块变形，像弹簧一样绷紧。
3 像弹簧崩断一样，上部的板块开裂，并搅动海水。
4 海啸形成，波浪开始扩散。

喷发的海底火山。

潜伏的黑暗力量

当海啸还未到达浅水区时，说它一直在“潜伏”一点儿都没错。在深海区，海啸的踪迹一般很难被发现。在这里，海啸引起的波浪的浪高非常低，而两个波浪间的距离又非常遥远。所以，当你在深海区航行时，不用担心被海啸引起的巨浪袭击。

OK，现在给你一个表现自己的机会！这里有些数据，凭借你的直觉和推断，为下面两种不同的“浪”挑选正确的描述！开动脑筋吧！

1.普通风浪（ ）　　2.海啸在深海区激起的浪（ ）

A.浪高很少超过1米。

B.两个浪头之间的距离大约是100米。

C.波浪的移动速度大约为每小时800千米。

D.两个浪头之间的距离大约是200千米。

E.浪高很容易超过2米。

答案：1.BE 2.ACD

在深海区，海啸总是难以被察觉。

原形毕露

海啸一直潜伏在深水中，并以比波音747客机更快的速度向岸边扑来。在这段时间里，几乎没有人能察觉到这股毁灭性的力量。但是很快，在近岸的浅水区，由于海底的阻挡，海啸的移动速度慢了下来，下降到大约每小时80千米，两个浪头之间的距离也缩短到不足20千米。整个过程就像一根弹簧被压得越来越紧。与此同时，海浪的高度急剧增长，就像一个恶魔突然从水中站起，海浪的高度有时可以快速攀升到30米！

小问答

问：当帕克和瑞夫去冲浪时，海水为什么会后退？海水后退是海啸的一种预兆吗？

答：没错，有时当海啸来临时，海水会像被吸走一样迅速向后退去，露出大片海滩。但是，并非所有的海啸来临时都会出现这种预兆。观察一下水中的波纹，我们可以看到，水波有“波峰”（突起的部分）和“波谷”（下凹的部分）两个部分，海啸激起的波浪也是如此。波浪不断向前传播，当“波谷”的部分先到达海滩时，海水就向后退去，向“波峰”聚拢；而当“波峰”先到达时，则是滔天巨浪迎头袭来，并不会出现海水后退的现象。

“波峰”之后还有下一个“波峰”，所以海啸的袭击通常不是一次性的，往往是一个浪头打来，过一会儿，另一波袭击又跟随而至。

毁灭

在快速移动的巨大“水墙”中，蕴藏着海啸等待释放的骇人力量。巨浪扑袭，岸上的一切似乎都变得不堪一击；所到之处，伴随着破碎、倒塌。巨浪降下后，在地面形成的激流会卷走可以卷走的一切。激流中裹挟的木桩、石块是最恐怖的武器，蛮横地冲撞着遇到的所有事物。海啸过后，沙滩上一片狼藉，那里散布着激流的“战利品”——石块、泥沙、铁皮屋顶、折断的木桩，还有人和牲畜的尸体。

海啸过后，城镇变成废墟。

古希腊克里特海啸

时间：公元前1500年

死亡人数：超过10万

原因：地中海锡拉岛火山喷发，引起巨大海啸。有科学家认为，这次火山喷发和海啸一起摧毁了盛极一时的克里特文明。

印度洋海啸

时间：2004年

死亡人数：22.6万

原因：里氏9.1~9.3级的地震袭击印尼苏门答腊岛海岸，持续时间长达10分钟！地震引起的海啸甚至波及非洲索马里。仅印尼就有16.6万人在海啸中死亡。在东南亚、南亚和东非，有200多万人因此次海啸而无家可归。

切记，切记！

A.如果你看到海水快速后退，要以最快的速度去地势高的地方。

B.地震后，不要去海边，而且海域周边有地震发生时，也要注意。有时，海啸会在地震后的几个小时内，到达数千公里外的地方。比如阿拉斯加发生地震，海啸有时会跨越大半个太平洋，袭击夏威夷。

C.如果船只在进入海港前得到海啸预警，要避免进港。时间允许的话，要把船尽快驶到开阔的海面。

小问答

问：海啸能被驯服，人类能利用海啸吗？

答：海啸中蕴含着无比巨大的能量，如果人类能将海啸的能量利用起来就好了。

不过，有一个难题是，海啸像地震一样捉摸不定，很难预测哪里会发生，而且有可能一个地方发生过一次海啸，以后再也不会发生，传统的发电站肯定行不通……

TSUNAMI
EVACUATION
ROUTE

海啸疏散通道标志。

In Case of Tsunami
Evacuation Alarm,
Please Go To 4th Floor
Building I & II

一座建筑中的海啸警示牌：如果发生海啸，请前往4楼。

仔细阅读本章，你就能回答以下问题：

寄居蟹的壳是生来就有的吗？

大白鲨的眼睛是什么颜色？

水母的身体能喷水，对不对？

成年蓝鲸的心脏和一头牛差不多大，这是真的吗？

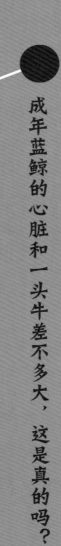

遇见海底生物

小精灵，大家伙，海里的居民真不少。从超级无敌巨无霸蓝鲸，到背着小房子的寄居蟹，从“像雾像雨又像风”的梦幻水母，到开成朵朵鲜花般的海菊花、海百合，都让黑乎乎的水下世界变得异彩纷呈，有时热闹，有时美丽，有时也充满凶险。海洋是地球的宝库，海洋生物是人类的伙伴，多了解它们，才能更加珍爱我们的地球。

海边的美丽“蟹”逅

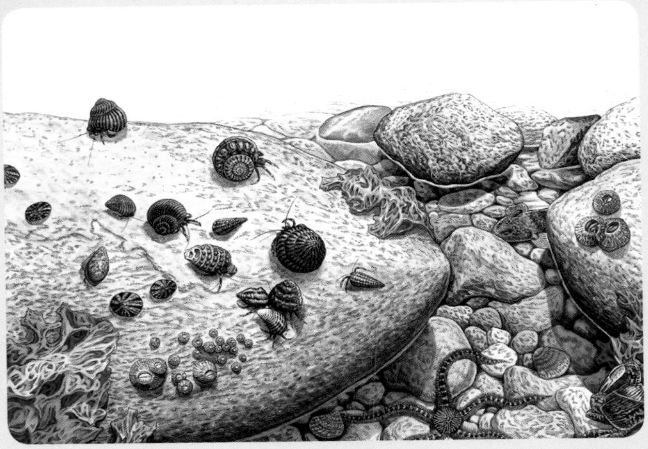

面朝大海，春暖花开，一切都那么美好……哎呀，脚背好痒。什么东西？咦，会跑的海螺？

寄居蟹的身体

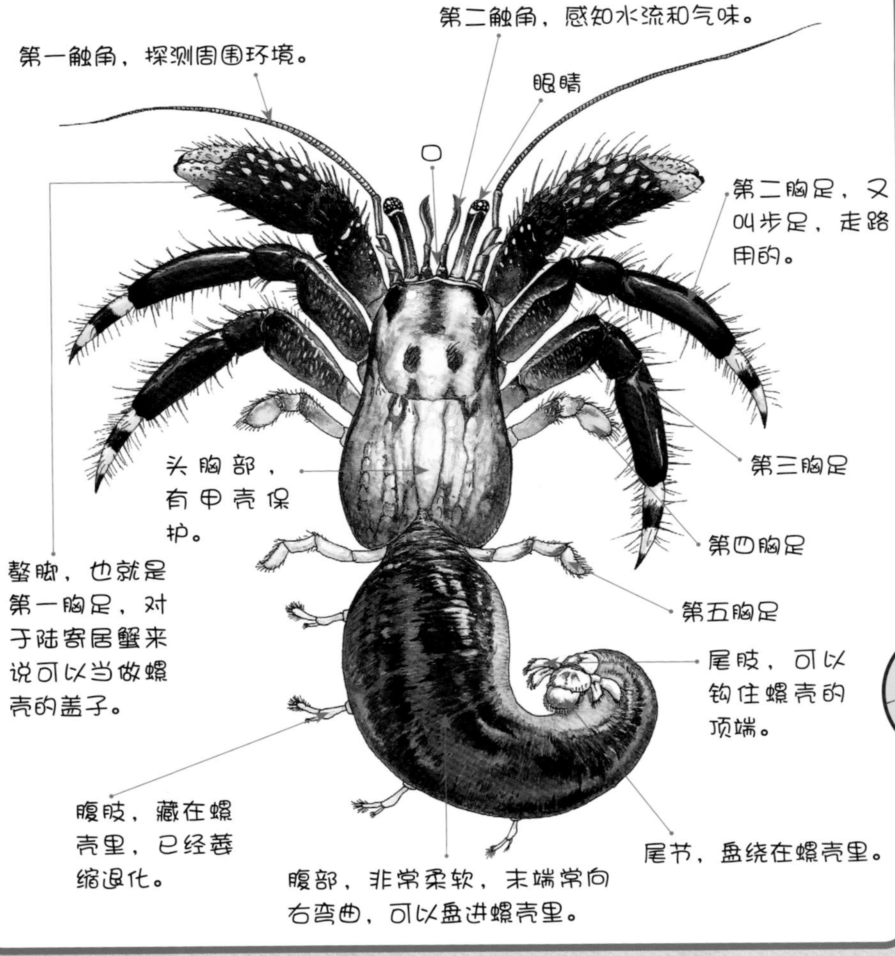

第二触角，感知水流和气味。
第一触角，探测周围环境。
眼睛
口
第二胸足，又叫步足，走路用的。
头胸部，有甲壳保护。
第三胸足
第四胸足
螯脚，也就是第一胸足，对于陆寄居蟹来说可以当做螺壳的盖子。
第五胸足
尾肢，可以钩住螺壳的顶端。
腹肢，藏在螺壳里，已经萎缩退化。
尾节，盘绕在螺壳里。
腹部，非常柔软，末端常向右弯曲，可以盘进螺壳里。

鸠占鹊巢，得不偿失

哟，这不是现在正流行的宠物——寄居蟹吗？这下你明白了吧？它们其实是蟹，但一直寄居在海螺壳里。有的寄居蟹直接找空壳住进去，但也有一些会残忍地将海螺吃掉再住进去。

要想看到它们的真面目，得拿掉海螺壳才行。你看，因为长期住在螺壳里，它们肚子上的甲壳已经退化，肚子变得软塌塌的。这样一来，它们就不得不一直背着重重的海螺壳生活，否则就会有生命危险。

“快把海螺壳还给我！”看，寄居蟹着急了，那生气的样子还真可爱。不过，想把寄居蟹当宠物养，就没那么容易了，听听它的条件吧！

我是海鲜控，我住海螺壳

“民以食为天”，我不吃辣不吃糖，最爱的就是螺贝之类的海鲜。另外，玉米、蛋壳、苹果、胡萝卜之类的也可以。还有，我一般在晚上10点以后吃东西，你得保证不让你跟周公的约会耽误了我进餐。

吃东西的时候，寄居蟹一般会先用灵巧的螯脚夹住食物，再撕成一片一片送到嘴里。

我们可不是一套房子住到老，随着身体不断长大，房子也是要换的。到时候你得帮我挑选合适的海螺壳！

寄居蟹的肚是向右旋转，挑选的海螺也得向右旋转才行。

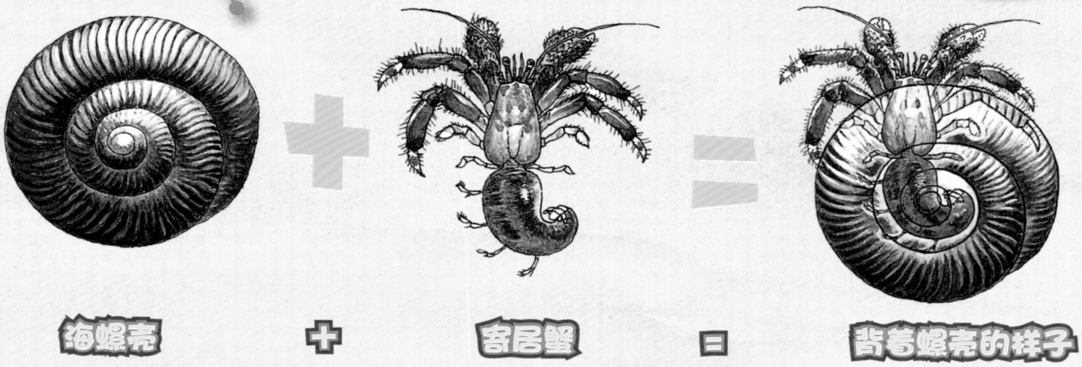

搬家嘛，我自己搞定就行啦！

寄居蟹换壳规程

① 先把螺壳螯脚伸进去试试大小和形状，合适的话就把里面的沙子挖干净。试探的工作就不麻烦你了，但不介意你帮我清理沙子哦。

② 搬家正式开始！先用尾节钩住螺壳，然后使劲儿探出身子，再用前脚抓住新螺壳，一个翻身就全出来啦。

③ 为了防止危险，赶紧钻进新螺壳。当然，如果进去之后发现壳太重或者不舒服，我会搬出去的。

养宠物本来就要照顾
它们的衣食住行，这都不是
问题。不过，寄居蟹可是相当
难照顾的动物……

爱家人，爱朋友

我们寄居蟹每年5月到9月可是要结婚生子的，我们的卵孵化成蚤状幼体时，得到海水里生长。

寄居蟹成长过程
1
2
3

1 刚孵化出的蚤状幼体大约只有0.3厘米。

2 一般一个星期蜕1次壳，要蜕4次才会长成大眼幼体，变成接近成体的模样。

3 再蜕一次壳，就是幼蟹了，从此以后就要住在螺壳里了。

海葵

另外，我还有一个形影不离的好朋友——海葵。我给它们提供住处——螺壳，它们则用触手上的刺细胞对付章鱼、龙虾、螃蟹或者其他鱼类，保证我的安全。换房子的时候我也会把它们搬过来。

当然，如果你家没有章鱼之类的东西就不用麻烦了。背上的负担本来就挺重，别再压得我走不动了。不过你放心，如果有捕食者出现，我会把海葵找回来的，或者干脆从别的寄居蟹那儿抢一个。

椰子蟹，我的偶像

追星可不是你们人类的专利，我也有偶像，那就是寄居蟹家族最大的家伙——椰子蟹！它们最令我佩服的是——不需要螺壳的保护。如果有机会见到它，我一定要找它签名、合影，还要送上它最爱吃的椰子和木瓜。

送你一个椰子，
接住啦！

偶像，给俺签个名呗？
太帅了真是没办法，隐藏得这么深还是被发现了。

椰子蟹

体形最大的寄居蟹，目前发现的最重可达4千克。椰子蟹两岁半以后就不需要住在螺壳里了，因为这时它们的腹部已经变得肥厚坚硬，可以保护自己。因为体型太大容易暴露，它们白天通常躲在洞穴里或树叶下，晚上才出来找东西吃。

群居？独处？这是个问题

长大之后的我们一般会独自生活，尤其是蜕壳的时候，更要独自安静地待着，否则死翘翘的几率就会大大增加。但我们毕竟是群居动物，偶尔探亲访友还是很有必要的。

短掌陆寄居蟹

常住在蝾螺壳中，由于壳口容易破，它常常用左螯堵上。身体大多是紫色、紫红色、紫黑色。耐旱力仅次于椰子蟹。

小小寄居蟹，要求还挺多。不过看到它们可爱的模样，你就不会在乎这些了。赶紧领一个回家吧！哦，对了！由于至今还没有一门语言可以让人类与寄居蟹直接交流，你最好提前了解一下它们的暗号。

暗号1.跑出螺壳赤裸裸地生活

这说明螺壳里又闷又热，急需降温。要么就是沙子太过潮湿，它们的鳃被堵上了导致没法呼吸。得赶紧把沙子弄干才行。

暗号2.绝食，无精打采

这时你要检查一下周围是不是很闷热，如果不是就表明寄居蟹要蜕壳啦！让它自己待着吧，暂时不能陪你玩了。

暗号3.总把自己泡在水里

这是在为蜕壳储存水分呢，不用担心它的安全。

暗号4.不断挖沙，藏在里面一个多星期不出来

时刻准备着要蜕壳，不要打扰它哦。

皱纹陆寄居蟹

体形较小，能利用身体外部的螯脚与螺壳壁摩擦发出声音，大胆活泼，喜欢攀爬。

草莓寄居蟹

这可是寄居蟹中最美的啦！通体鲜红，点缀着白色斑点，很像草莓哦！

小记者可米

要声明的是，这里的蜕壳是跟虫子蜕皮一样蜕掉一层壳，跟换螺壳完全是两码事。乒乓球大小的寄居蟹一年要蜕一两次壳，新壳每次得用一个多月的时间才能长好。有时为了让断掉的脚尽快长出来，它们也会选择蜕壳。

深海社区

为了跟上人类的现代化步伐，深海中的鱼儿们自发开始了小区建设。“深海社区”今天就正式启动了。经过漫长的应聘环节，清洁工、医生、发电工、保安等岗位的工作“鱼员”已经入驻本社区，时刻准备着为鱼儿们服务，大家鼓掌欢迎！

下面，让我们来听听各位员工对未来工作的想法吧。

吃饭工作两不误——清洁虾

工作宣言：我们将成为社区里的清洁工，不仅负责社区的环境卫生，还可以免费为各位鱼儿清理身体和牙齿，保你们个个神清气爽，在社区里生活得舒舒服服。

工作特长：清理珊瑚碎屑，清洁鱼类口腔。

特长展现：我们利用两只虾钳修剪珊瑚表面的碎屑以及有机物质，为鱼儿们免费清除有害寄生虫，顺便将这些细菌吃掉。哇，在工作的时候还可以吃饭，多么惬意啊！

洗刷刷啊洗刷刷，嘿嘿，顺便吃点饭。

亲，你“口气”好大！
啊……呃……%&**@#￥！

小链接

清洁虾性情温和，体长约为6厘米，属杂食性虾类，很好养活，但是它们对水质要求极高。水质如果急速变化，它们会立即死去。虾儿们经常感慨：生活环境太重要了！还有一点需要保安注意，千万要把清洁虾和骆驼虾区分开来！骆驼虾虽然也性情温和，可它们是些残忍的“吃货”。上个星期，某小区的珊瑚便全部命丧其口。

清洁虾

骆驼虾

守株待兔保平安——皇带鱼

为了证明自己积极的工作态度，社区保安皇带鱼顶着长长的红缨，威风凛凛地游了出来，刚一出场便霸气侧漏。

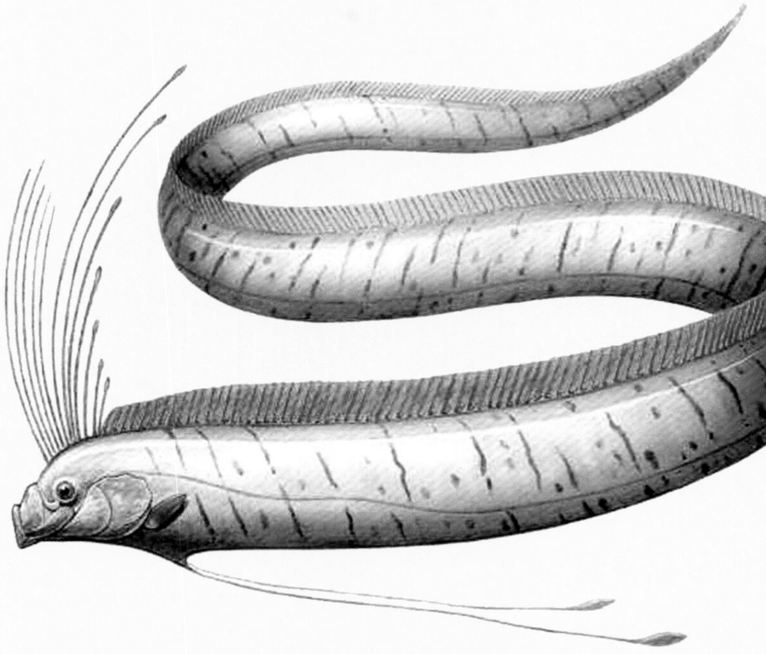

工作宣言： 我是保安，我骄傲！保护鱼儿们的财产和生命安全，是俺价值的体现。俺块头大，本领大，欧洲渔民说的“海魔王”便是俺了！

工作特长： 伺机而动，守卫社区。

特长展现： 我们皇带鱼对待敌人最常用的方法便是“守株待兔”“后发制人”。我们常在海里待着一动不动，专门等着猎物上门。一旦这些乱闯社区的敌人游到我们头顶的海域，我们的身子便会迅猛地从蜷缩状态伸展开，强大的冲击力使我们像一颗炮弹似的冲向敌人。我们的嘴巴虽然小，但锋利的牙齿会如刀尖般插入敌人身体。

鲱鱼

皇带鱼对待社区的居民是极好的，它们巡逻的时候经常有大量的鲱鱼伴随身侧。只是，由于皇带鱼数量稀少，科学家们至今都无法深入地研究它们。

小链接

皇带鱼体长3米多，呈银灰色，是海洋中最长的硬骨鱼。它们很容易辨认——身体银光闪闪，且身侧上方有鲜红的背鳍，非常好看！日本渔民甚至误以为它们是“龙宫使者”。皇带鱼在海中非常调皮，经常骚扰落单的渔船。早在两千多年前，就有过皇带鱼袭击人类的记录。亚里士多德也曾在著作中提及它们，称之为“海蛇”。

贴身医生——裂唇鱼

皇带鱼虽然凶猛，但是经常与敌人搏斗，难免有所损伤。“行走江湖”咋能不看大夫呢？大家还没从皇带鱼威风凛凛的余威中回过神来，裂唇鱼摇曳着尾巴左摇右摆地游过来：“大家好，出门在外，谁还没个小伤小病？我们医生鱼就是你们的坚强后盾！”

工作宣言：救死扶伤是俺的天性，济世为怀是俺的理想，鞠躬尽瘁是必须的，死而后已也是不怕的，俺就是医生——裂唇鱼，号称“妙手回春不死鱼”。

工作特长：清除鱼儿身上的病菌。

特长展现：我们免费为鱼儿治病，诊所通常设在礁石附近，对本社区的鱼儿和过路的鱼儿一视同仁。我们会将病患身体上的病菌、寄生虫及腐烂的部位通通吃掉，这样它们才能更好更快地恢复。除此之外，我们还擅长鱼鳃、口腔等部位的清理工作。当然啦，我们更喜欢鱼儿身上黏液的味道，经常趁治疗的间隙揩点油。

小链接

裂唇鱼身体呈枪形，一般为黄白色，带有蓝黑色条纹，非常漂亮。有趣的是，裂唇鱼实行一夫多妻制。如果雄鱼不幸死亡，那么排行老大的雌鱼就会慢慢变成雄鱼，真是太不可思议啦！

你知道吗？医生鱼一般分为两种——裂唇鱼和温泉鱼。温泉鱼生活在20℃~40℃的水中，喜欢啄食人体皮肤的代谢物。如今风靡全球的“鱼疗法”就是将这种鱼养育在温泉中，用来给人治病。

电力小子——电鳐

每位员工都在踊跃发言，到了最后，大家想起一个问题——如果没有电，这个社区还算是现代化社区吗？想到这儿，大家连忙找起电鳐来，最后才发现，电鳐睡着了。因为它身上的电力太强，谁也不敢碰它。关于它将承担的工作，只好由小记者可米来介绍了。

记者
米

嘘，大家安静点，千万别去碰它！电鳐释放的电力在放电鱼类中，可以算是最强的了，电压可达300～500伏。你们如果碰它，轻者全身麻痹，重者直接丧命。电鳐成年后有30～40厘米长，少数品种可以长达2米，体重可达100多千克呢！你看它那椭圆形的身子，发电量相当惊人。电鳐凭着这个本事，被人类称为“江河中的魔王”。不过，大家别害怕，它们还是很和善的。许多得风湿病的人都希望能够找到它们，以利用它们的生物电为自己治病呢。

可米话音刚落，鱼儿们就展开了热烈的讨论：“就凭这个懒家伙，能保证我们24小时通电吗？”“就是就是，能保证吗？”就在这时，从远处传来一声巨响：“能！”原来，是电鳐家族的其他成员列队赶来了。鱼儿们这才放心，纷纷憧憬起在深海社区的美好生活来。

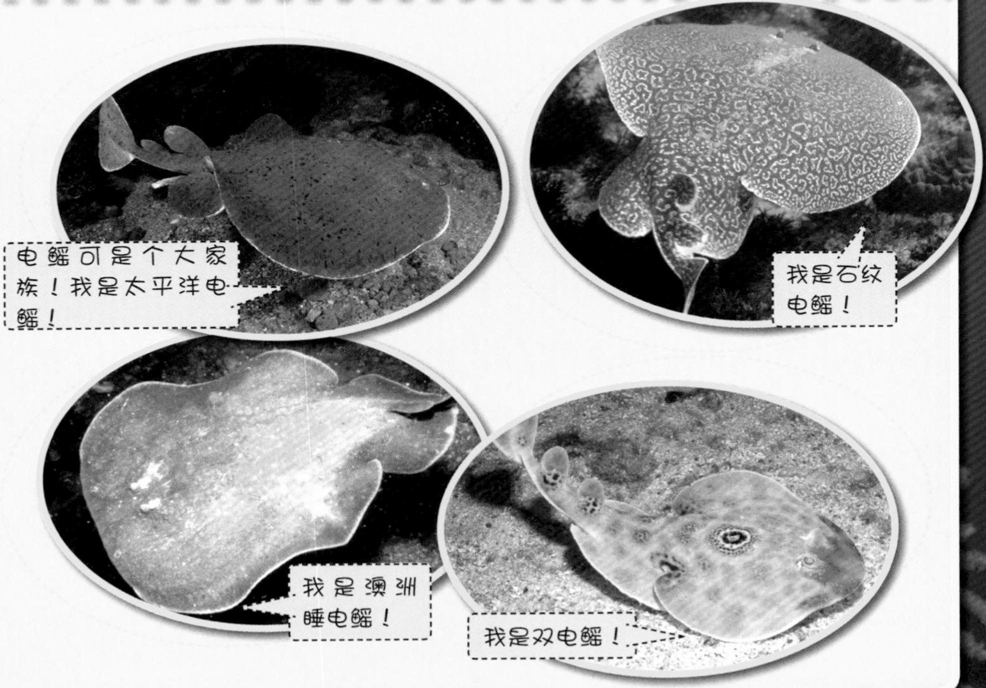

电鳐可是个大家族！我是太平洋电鳐！
我是石纹电鳐！
我是澳洲睡电鳐！
我是双电鳐！

海底的秘密花园

事实证明，广交朋友真是一件令人愉快的事。还记得不久前在海边邂逅的寄居蟹吗？听说我们要去寻找海底的秘密花园，它主动请缨，要为我们带路呢！

不过，我们要找的花园本身就是动物园，那里的“花花草草”都是有生命的动物！瞧，寄居蟹身上的“海菊花”就是代表！

海菊花

海洋居民身份证

姓名： 海葵

身长： 2.5～10厘米，最长可达180厘米

年龄： 2100岁或者更老

家族： 动物界—腔肠动物门—珊瑚纲—六放珊瑚亚纲—海葵目

住址： 从海岸的水洼、石缝到浅海，再到10000多米的深海都有海葵的“据点”

海　洋　公　安　局　派　发

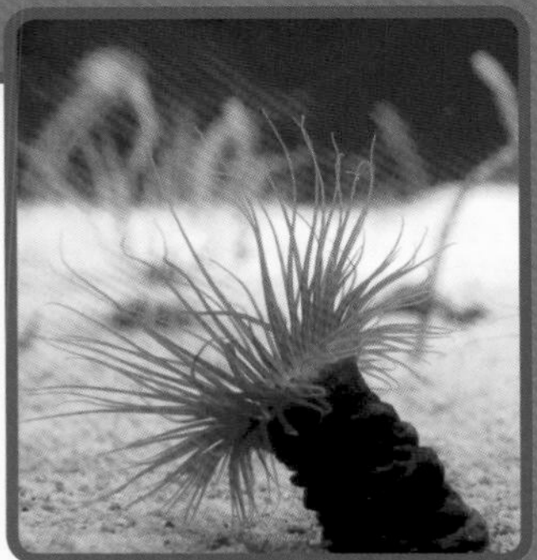

要说这看似菊花的物种是动物，寄居蟹可是最佳目击证人：海葵不仅是动物，还是肉食性的。那颜色鲜艳的“花瓣”其实是触手，每当有猎物被吸引过来，上面的刺细胞就会射出刺丝，并释放毒液来麻痹猎物，接着就可以敞开胃大吃一顿啦！谁会想到这美丽的“菊花”居然是个捕食高手呢？用它们做伪装最安全不过了。

诱敌深入
以毒致命
囫囵吞枣
吐出无法消化的残余

这就是它的秘密武器啦！

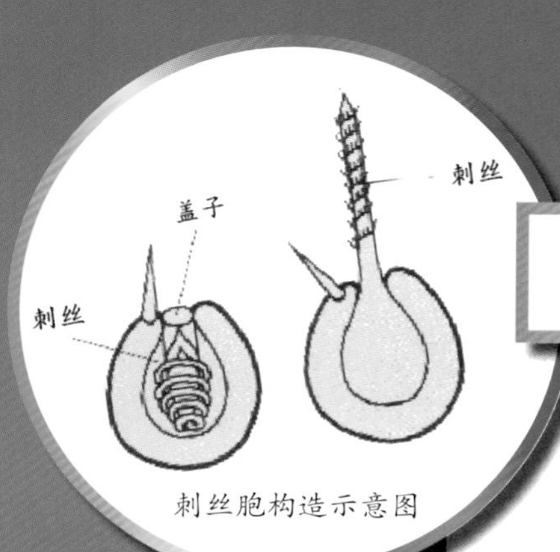
刺丝
盖子
刺丝
刺丝胞构造示意图

不敢相信自己的耳朵吧？那就睁大眼睛，亲自鉴定一下这种长得像植物的动物吧！

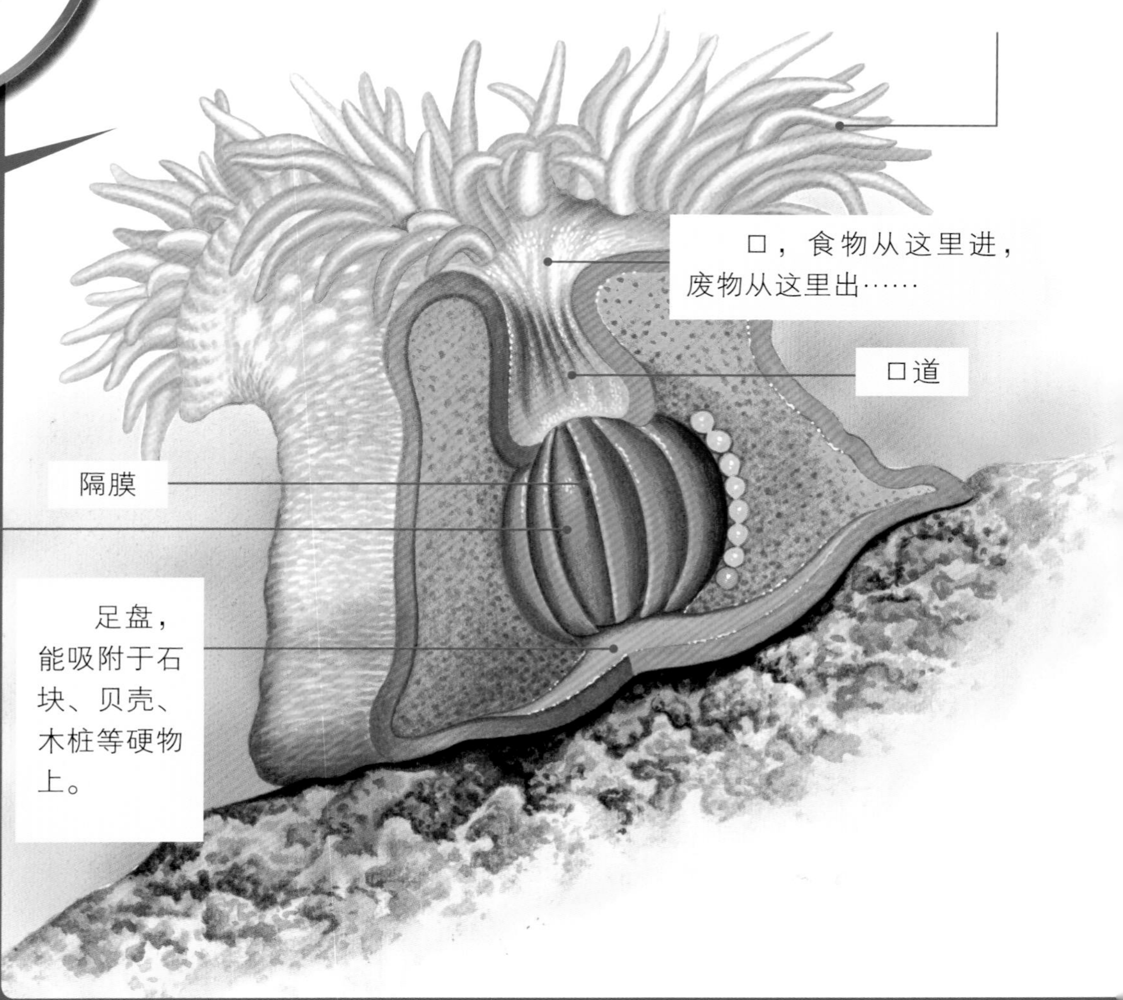
触手，里一圈外一圈围在嘴巴周围，看起来很像向日葵。每一圈的数目都是6的倍数。它们能告诉海葵哪些猎物能吃，哪些不能吃。
口，食物从这里进，废物从这里出……
口道
隔膜
消化腔，鱼、虾、蛤、蚌及浮游生物等就是在这里被消化分解的。
足盘，能吸附于石块、贝壳、木桩等硬物上。

这样看来，所有的小鱼小虾对海葵似乎都应该唯恐避之不及，但小丑鱼偏偏能毫发无损地在其触手中自由穿梭。原来，小丑鱼身上有一种黏液，可以保护自己不受毒液的影响。至于这黏液是怎么来的，还有待研究。小丑鱼借海葵保护自己，在触手丛中筑巢、产卵。作为回报，它甘愿做鱼饵，为海葵引来更大的鱼虾，它也甘当清洁员，通过身体与海葵触手的摩擦为其清理上面的寄生虫和霉菌等，这就形成了一种奇妙的互利共生关系。

海百合

海洋居民身份证

姓名： 海百合
身长： 有柄类的长度可达60厘米
家族： 动物界—棘皮动物门—海百合总纲
住址： 浅海、深海、热带珊瑚礁、高纬度海域等

海 洋 公 安 局 派 发

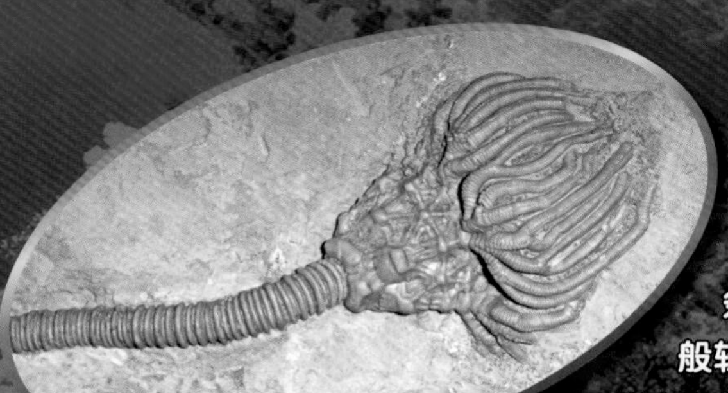
海百合化石

这种早在奥陶纪就出现，距今已有4.8亿年历史的古老生物出现得比恐龙还要早2亿年。它们就像蒲公英精灵，顶着一头飘逸的“长发”，时而在海中游荡，时而停到海床上休养生息。海百合有的有柄，有的无柄，共有600多种。我们熟悉的海胆、海参、海星是它们的近亲，却远不如它们漂亮。那腕足少的有5条，多的可达200条，每条上面还会生长许多分枝。它们或如羽毛般轻盈、飘逸，或如盛放的花蕾般妩媚、动情。如果饿了，只要高高举起纤细的腕足，浮游生物就会被布满黏液的分枝抓住送到口中。吃饱喝足后，腕足会稍稍收拢、下垂，看起来像一朵将要凋零的花。此时，海百合是在睡觉呢！

这种生物有的像凤梨、有的像茄子、有的像菊花，就是不像动物。目前全世界大概有1250种，以玻璃海鞘、有柄海鞘、拟菊海鞘等最为常见。它们遍布岩石、船体、码头木桩等，这让航海家愁眉不展。因为有时它们附着在船体上，无意中造成了船体的底部突起，进而降低了船速。在海鞘的身体顶端，有一个入水孔和一个出水孔。当受到刺激时，它们会收缩身体，从出水孔喷出一股强有力的水流来吓退敌人。

除了多变又美丽的外表，海鞘还有一个独一无二的特点——血流方向每隔几分钟就颠倒一次，这一点恐怕其他任何生物都学不来吧！

海中凤梨

海洋居民身份证

姓名： 海鞘

身长： 1～20厘米不等

家族： 动物界—脊索动物门—尾索动物亚门—海鞘纲

住址： 集中居住在400米以内的寒带海域，温热带地区的种类少、个头小

海 洋 公 安 局 派 发

海绵家族

海洋居民身份证

姓名： 海绵动物

身长： 1～200厘米不等（1909年，人们曾在巴哈马群岛捞获一只围长183厘米的海绵动物，刚出水时足有40公斤重）

家族： 动物界—侧生动物亚界—多孔动物门（也称海绵动物门）

住址： 从淡水到海水，从浅海到8500米的深海，遍布世界

海 洋 公 安 局 派 发

作为最原始的水生多细胞动物，海绵动物家族以10000多个种类占据了海洋动物种数的1/15。伞状、杯状、管状、扇状、块状等形态各异的海绵动物遍布海底，远远望去，就像一片生机勃勃的海底草原。科学家发现，凡是海绵动物生活的地方很少有其他动物居住。可能是因为海绵动物浑身的骨针和纤维对捕食者来说难以下咽、吸引力不大，也可能是因为它们生活的地方多海流流动，很多动物的幼虫会被水流冲走、被海绵动物滤食，无法在这里生存。另外，海绵动物身上常有一种难闻的味道，其他动物也许是被这恶臭吓跑了吧。

怎么样，一番游览过后，你是否对动物有了新的认识？原来它们还可以以植物的形态出现呢！如果有机会潜水，你还是亲自去那个五颜六色、斑斓多彩的海底世界看看吧！

你不认识的大白鲨

在地球上温暖的开放性海域，生活着一种恶名昭著、让人闻之丧胆的庞然大物——大白鲨。如果要找个词来形容它，你会说什么？穷凶极恶，勇猛强悍，冷酷残忍，海洋杀手？不会吧，你真的认识大白鲨吗？在我眼里，它们可是名副其实的捕食能手、感官明星、游泳健将，或者好奇心很强的孩子……

皮肤

鲨鱼是唯一一种长有盾鳞的鱼类。大白鲨的头上、身上长满了只有针头大小但坚硬如铁的倒刺。据说这能减少在水中前行时的阻力。

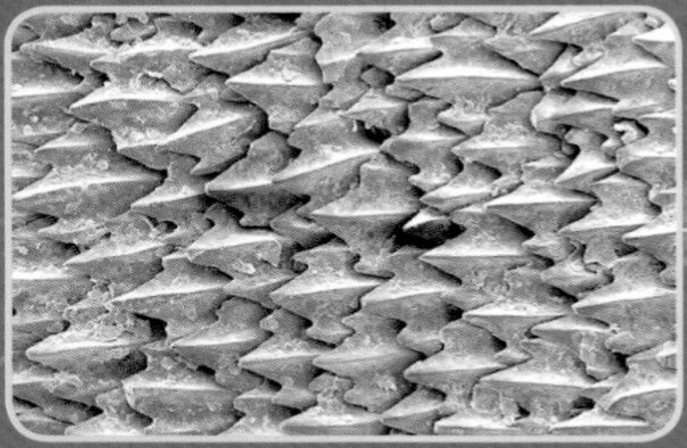

侧线

指的是皮肤下面的一条细小的管道，横贯整个身体，通过小孔与身体外部相通。它们像一串运动传感器一样，能探测到500米之外的鱼儿游动时产生的水流振动。

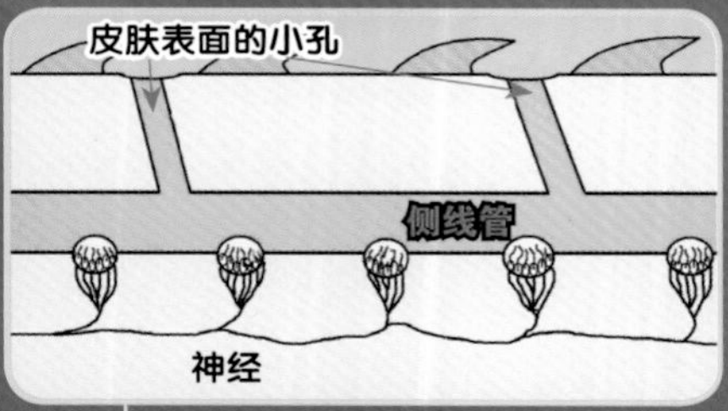

尾巴

尾巴上的肌肉强健有力，能为大白鲨提供强大的动力，推动其硕大的身躯冲向猎物。捕猎时，大白鲨的游速最高可达每小时40千米，一眨眼的工夫就能咬住猎物。

眼睛

它的眼睛看似黑色，其实是蓝色。它不仅能识别色彩，还能辨认出水下15米开外的目标，但到了晚上则视力变差。当它咬住猎物时，眼球会向内翻转，看起来像在翻白眼，其实是为了保护眼球不被猎物抓伤。

鼻子

大白鲨能闻到1千米之外被稀释的血液味道，并迅速赶过去。

在大白鲨的口鼻部位分布着密密麻麻的小孔，它们通过一条条充满胶状物的管道连接到一个个小坑，即洛仑兹壶腹。壶腹中的传感器能探测到猎物收缩肌肉时产生的微弱电场，大白鲨可借此发现隐藏着的猎物。

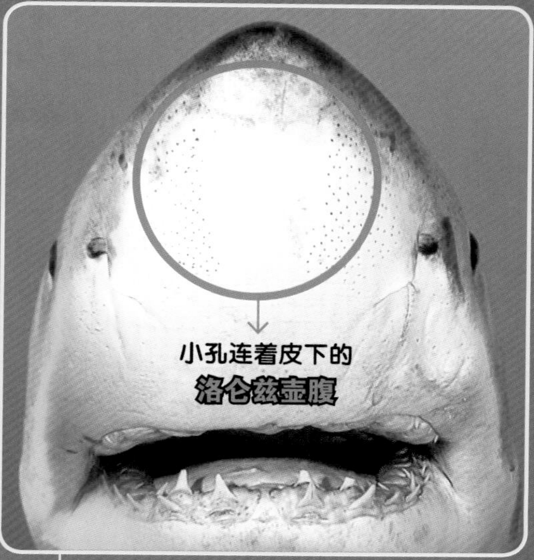

小孔连着皮下的
洛仑兹壶腹

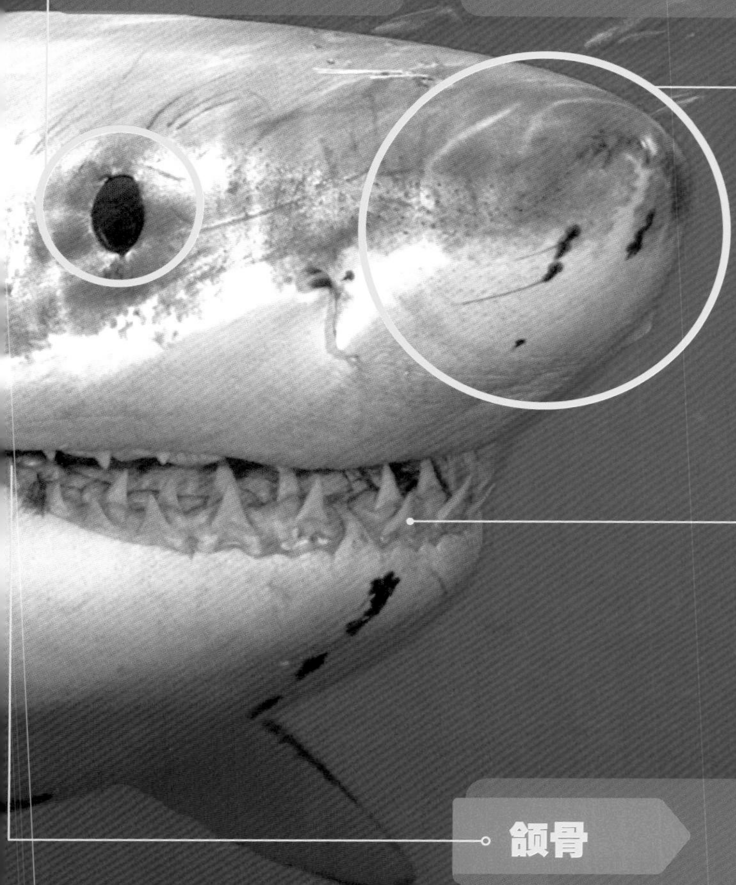

牙齿

上下颌各长满了两三排三角形、带锯齿状的牙齿。前一排的牙齿一旦脱落，后面的就会补上去。50多颗牙齿中，始终有三分之一处于更换过程中。

西西 身高160厘米

颌骨

松散地连在头骨上，需要时只要将它们向前推出，就能使嘴张到足以咬住庞大的猎物。

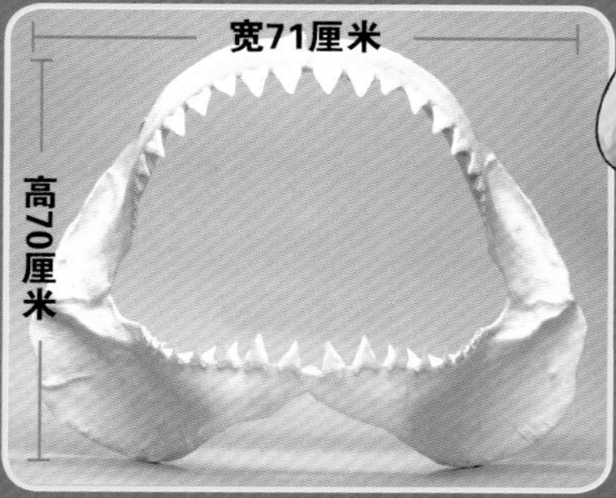

宽71厘米
高70厘米

"蓝精灵"的神秘旅程

没人知道它们在哪里出生，没人知道它们如何成长。
它们如幽蓝色的精灵一般，隐匿于无边无际的汪洋中，
牵动着千万人的思绪。
当在圣巴巴拉海峡看到它们的身影时，
我知道我要做的就是跟上去……
——小记者可米手记

偶遇巨型"蓝精灵"

伴随着一声爆炸般的轰鸣，平静的海面上突然迸射出一束水柱，直冲云天，那规模和气势堪比间歇泉。在我惊魂未定之际，身旁的船长如发现新大陆一般兴奋地挥舞着手臂，大喊着："蓝精灵！蓝精灵！"千万别误会，船长口中的"蓝精灵"可不是你印象中那小巧可爱的卡通人物，而是地球上最大的动物——蓝鲸。瞧，它轻轻地吐了口气，就喷射出9米多高的水柱！至于体形比恐龙还大的它为何被称为"蓝精灵"，大概是因为青灰色的皮肤透过水面所呈现出的那抹淡蓝吧。

擦肩而过

当下正值初冬，是蓝鲸从极地向温暖水域迁徙的季节。“这是一头雌鲸，而且已经怀孕9个多月了，想必它肚子里的胎儿至少有5米长。”船长凭借着丰富的航海经验和动物知识判断。蓝鲸的孕期通常为10～11个月，这么说来，这头蓝鲸妈妈还有一个月就要生下蓝鲸宝宝了。要知道，到目前为止，还没有人亲眼见到蓝鲸分娩的过程呢！无数科学家费尽心机想要捕捉那一场面，却迟迟不能如愿。现在，机会就摆在面前，哪有不跟上去一看究竟的道理？

巨型游泳健将

平时，蓝鲸的游速约为每小时28千米，互相追逐时可达每小时50千米，它们一天的行程就有160千米。

蓝鲸行动起来之所以如此敏捷、平稳，是因为扁平宽大的尾鳍为它提供了前进的动力，三四米长的鳍状肢既有助于保持身体平衡，又能协助转换方向。

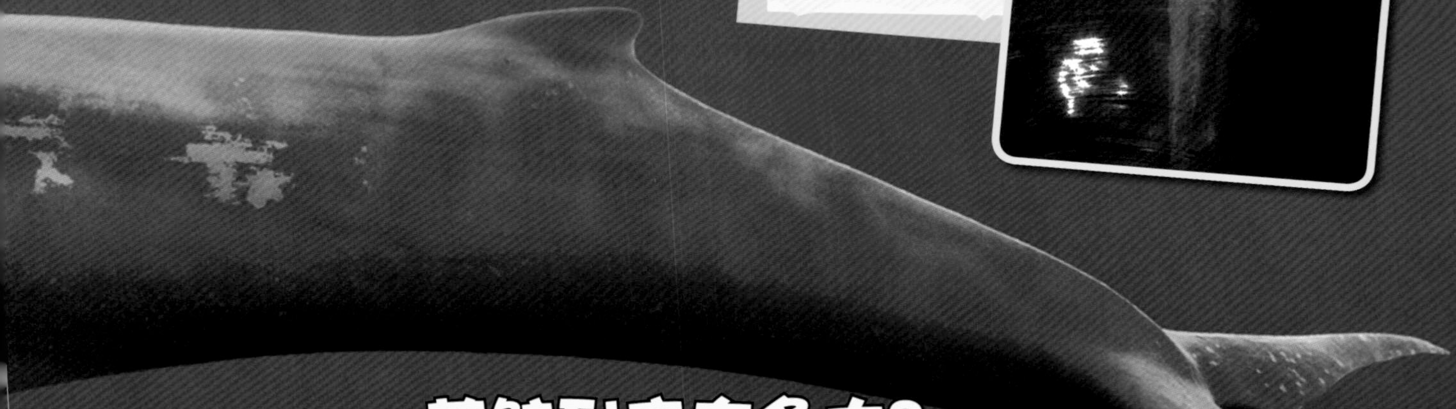

蓝鲸到底有多大？

25米的平均身长相当于两辆公交车的长度

160吨的体重相当于30头大象或2000个成年人的重量

巨大的舌头可以站满50个人

硕大的心脏相当于一辆小轿车的体积

肺则有衣橱那么大

主动脉比游泳圈还要粗，可以钻进一名婴儿

蓝鲸的平均长度=25米=2× 

1颗成年蓝鲸的心脏= 

蓝鲸的体重=160吨=30×  =2000× 

当我回过神儿来再次望向海面时，只见蓝鲸新月形的尾巴高高地举在空中，似乎在跟我挥手告别。看来短时间内不会再见到它们了，因为这动作意味着它们将要潜入深海。

因船只撞击而尾巴断裂的蓝鲸

圆突区的会合

我无法掩饰心中的沮丧，但船长的一句话却让我重新焕发出活力——“我知道它们要去哪儿！”

那是一片叫“圆突区”的神奇区域——来自深海的冷水裹挟着丰富的营养物质涌上海面，与表层的温暖海水交汇，于汪洋中形成一片“绿洲”。在那里，得益于丰富的营养物质而茁壮成长的浮游植物哺育着大批浮游动物，从而为蓝鲸提供了足够的食粮。在那里，温暖的表层海水使幼鲸不需要耗费太多体力就能保持温暖。对即将分娩的雌鲸来说，“圆突区”无疑是个绝佳的栖息点。

果然，在哥斯达黎加“圆突区”等待了一个多月之后，我们又见到了蓝鲸的身影，只是成员数量已经由7头变成了3头。与此同时，无线电里传来的报道让我不禁打了个寒战——在某海岸发现一具蓝鲸的尸体，死亡原因不详。

触目惊心

据统计，在20世纪的前60年里，已经有350000头蓝鲸被杀。现在南极蓝鲸的数量不足2000头。与100年前相比，全球蓝鲸的数量减少了99%。

除了人类的捕杀，船只撞击也是蓝鲸死亡的重要原因。蓝鲸的叫声频率很低，在10～40赫兹之间，但能传到1600千米之外，并以此跟同类交流。军事演习中采用的高噪声声纳仪器、海洋工业及往来船只等发出的低频噪音无疑会对蓝鲸造成干扰与威胁。

水下“芭蕾”

正当我默默祈祷其他蓝鲸平安无事时，一大一小两个修长的淡蓝色身影映入眼帘，是蓝鲸妈妈带着它的宝宝在觅食！曾有科学家通过安装在蓝鲸背部的微型摄像机发现，蓝鲸觅食时会张开鳍状肢，在4～5秒内旋转180度，然后张开大嘴，吞下一团团磷虾。虽然无法亲眼见证，但我想彼时的“蓝精灵”一定如芭蕾舞者般优雅。

新生的希望

生下蓝鲸宝宝之后，雌鲸的捕食任务更加艰巨了。因为在未来的7个月中，幼鲸每天要喝400升的母乳。这意味着如果你每天都会喝一包250毫升装的牛奶，那蓝鲸宝宝一天的食量够你连续喝1600天！不过，幼鲸的成长速度也是无人能敌的——体重每天增加90千克！

虽然没能看到雌鲸诞下蓝鲸宝宝的过程，但能亲眼目睹这群“蓝精灵”，我已经心满意足。看着水中那一对悠然自得的身影，我衷心地希望它们能平安顺利地生活下去。

数字解读“大胃王”

蓝鲸一次就能吞下至少1000000只磷虾，一天大约要吃4000千克甲壳动物。只要肚子里的食物少于2000千克，蓝鲸就会感觉到饿。

大胃王的美食攻略

也许你早就知道——

一头蓝鲸一天大约要吃4000千克甲壳动物，
通常肚子里的食物少于2000千克，它们就会感到饥饿；
一头灰鲸一天大约能吃1100千克磷虾；
就算是一头不大的海豚，每天也得吃几十千克鱼。

可是你有没有想过——这群大胃王要怎么保证自己不挨饿？

自带精密过滤装置

这群大胃王是一个庞大的家族，这个家族有很多分支，不同的分支有着自己独特的捕食装备。最想给大家介绍的就是须鲸家族的装备啦，因为它们极具特色。须鲸家族包括灰鲸、露脊鲸和弓头鲸等，它们最引以为傲的装备就是口中的须。由于须鲸家族的成员各自偏爱的食物不同，它们须的粗糙度、密度，鲸须板的数量和长度都不相同。

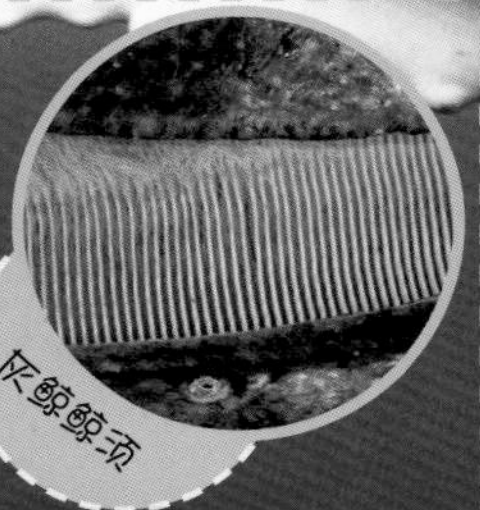

灰鲸主要捕食钩虾等在海底栖息的生物，所以它们的脑袋又短又直，鲸须较粗糙，这样它们就能够把食物从沉积物中筛选出来，以免吃到一嘴泥沙。

露脊鲸和弓头鲸则比较喜欢吃桡（ráo）足类动物（一种小型甲壳动物），因此它们有着明显弓起的下颚，鲸须细长而密集，过滤机制要比灰鲸的精细很多。要知道，桡足类动物的体长通常不超过3毫米。

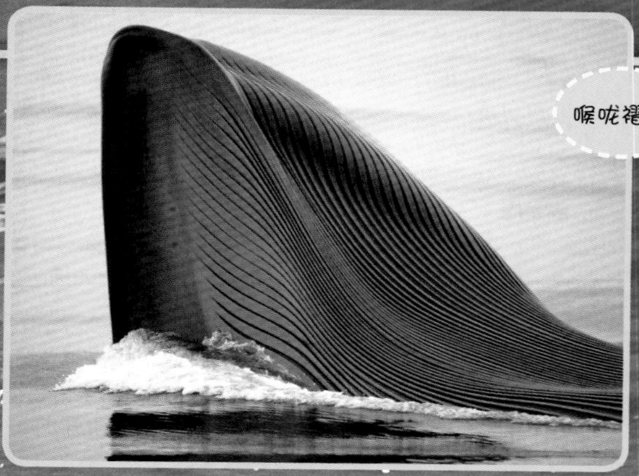

一张大嘴定江山

仅拥有精密的过滤装置还不够，须鲸家族能始终稳居海洋食物链顶端，都要归功于它们的那张大嘴。须鲸的喉咙褶皱有七八十条之多，能最大限度地扩张，这使得它们的口腔容量傲视群雄。据估测，须鲸嘴巴张开的程度可达自身体长的一半，现在闭上眼睛想象一下——你一口就能吞掉有自己一半高的大汉堡——对！须鲸每次用餐都是这种酣畅淋漓的感觉！

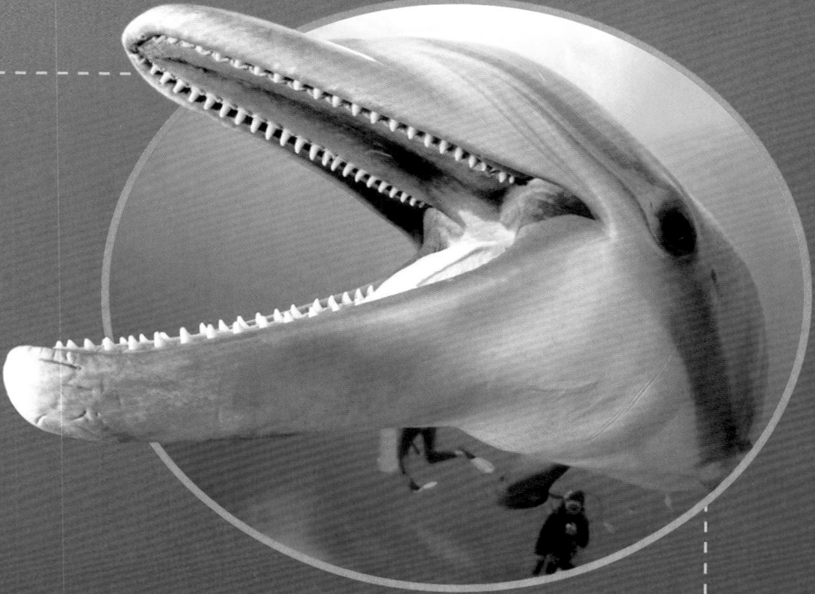

武装到牙齿

另一个不得不说的大胃王是齿鲸家族，顾名思义，这是一个“武装到牙齿”的家族。与我们人类不同，齿鲸的牙齿没有门齿、犬齿、臼齿之分，它们每颗牙的形状都差不多。不过，齿鲸分很多种，其牙齿的形状也各不相同。有的牙齿粗壮、尖端比较钝，如瓶鼻海豚、中华白海豚的牙齿；有的牙齿尖细锋利，如真海豚的牙齿；还有的牙齿圆圆的像一把小铲子，如鼠海豚的牙齿。

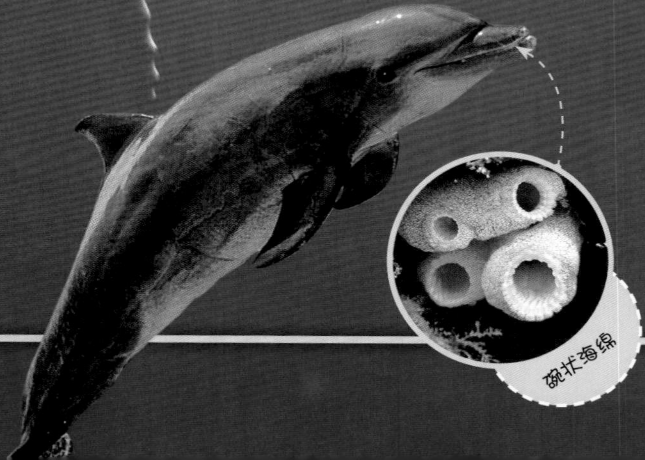

高智商防护装备

除了自带装备外，有不少“吃货”不但胃口好，而且头脑灵光，还特别为自己配备了防护装备。比如澳大利亚鲨鱼湾的瓶鼻海豚喜欢在海底抓鱼吃，但是又嫌砂石太硌嘴，于是就找了碗状的海绵当“口罩”。

作为“资深吃货”，哪里有好吃的，哪里就有这群大胃王的身影。蓝鲸每年夏季都会前往高纬度海域，因为那里有着丰富的磷虾资源。虎鲸虽然没有表现出明显的迁徙规律，却也会在大马哈鱼迁徙的季节守在它们的必经之路上，等待一年一度的盛宴。

当然，对大胃王们来说，要想吃饱并且吃好可不那么容易。它们装备齐全，找准时机后，就要施展独门绝技捕获猎物了。

露脊鲸个头不小，可吃的东西也太小儿科了！大海里有那么多鱼虾，它们却只吃小型浮游甲壳动物和小型软体动物，真没口福！

那是因为露脊鲸的咽部宽度只有6～7厘米，吞不下大鱼，即使吃到嘴里，也只能再吐出来。

闲庭信步滤食法

露脊鲸家族的成员天生骨骼精奇，具有弓形的下颚，嘴巴很大，鲸须很长，并且喜欢吃爱扎堆又不善逃跑的桡足类动物。这就意味着，在绝大多数情况下，捕食对它们来说，是一件轻松而愉悦的事情。

当露脊鲸家族找到食物后，只需张开嘴，轻松地在食物堆里游来游去，将海水连同食物一起吞入口中，微闭合嘴巴，再用舌头将海水从长须之间挤压出去，剩下满嘴美食，最后一卷下肚，整个过程悠然自得。

有些露脊鲸喜欢成群结队地集体捕食，比如北极露脊鲸。它们会几头聚在一起，自动形成一个梯队，摆出类似大雁群的队形，一头鲸打头阵，其余一头接一头跟在后面，并从侧面偏出半个至三个体长的距离。同时，当梯队中的一些成员离队而去时，另外一些便会自动补上，使队形基本保持不变。按照这种队形游上几天，每个成员都会吃到很多美味，比单独捕食要靠谱得多。

浑水淘沙滤除法

灰鲸捕食钩虾，
难度系数9.9。

灰鲸的捕食方式很特别，它们偏爱美食钩虾。钩虾大多栖息于海底，要吃到这等美食，灰鲸必须侧躺在海床上，嘴巴的一侧贴着海底，把底栖生物连同水和砂石一起吸进嘴里，再经过鲸须过滤，留下食物，把水和砂石吐出来。在这个过程中，灰鲸会搅动泥沙，制造出一片浑浊。在混沌迷乱中，钩虾、片甲类动物、红蟹、小鱼等都会乱了方向，而灰鲸则有着惊人的敏锐视力，可以趁机精准地将美食吞进肚中。灰鲸还有一条很长的菜单，海胆、海星、海螺、寄居蟹、瑟虾、海参以及海藻等生物通通都在上面。灰鲸往往在向北迁徙洄游时才经常摄食，而南下洄游时不摄食，胃中是空的。

霸气侧漏吞食法

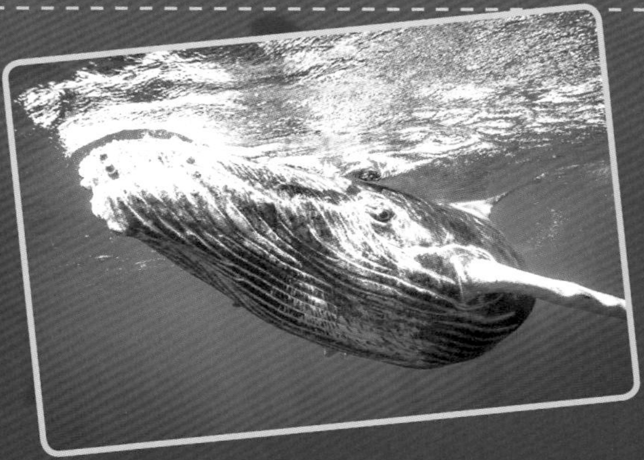

在众多海洋生物中，最能将这种排山倒海式的捕食方法发挥到极致的，当然要数蓝鲸了！吞食法的基本原理和滤食方法相似，都是要将大量海水连同食物一起吞进去，再把嘴巴微合，收缩喉褶，将海水通过鲸须挤出，从而把美味留在口中。但是由于蓝鲸最爱的食物是磷虾，而磷虾具有一定的逃避能力，所以，蓝鲸必须先在水下加速前进，再张开大嘴，舒展喉褶，接着猛然减速，吞入猎物。

在加速的过程中，所耗能量要比露脊鲸消耗的能量大得多，这使得蓝鲸的潜水时间要少于露脊鲸，它们需要更频繁地出水呼吸。但这种看似有些辛苦的捕食方法，也从某种程度上奠定了蓝鲸的海上霸主地位。这种鲸吞式捕食也称为跃进式捕食，除了蓝鲸，其他须鲸科的“吃货”们也经常使用。

除了一些基本捕食法外，这些大胃王还创造出许多出人意料的绝招，甚至懂得运用兵法战术。这其中大部分高端的吃法都来自于海豚，它们食量虽不是最大的，但智慧绝对可以傲视海底众生。此外，虎鲸也非常厉害，它们的突袭才能和团队配合能力也十分出色。

张网捉鱼

人类以网捕鱼，海豚也将这招用到了捕食上。当遇到大鱼群的时候，海豚就会呼唤同伴集结起来，从各个方向包围鱼群。它们有的跳跃、有的拍尾巴、有的来回游动，在海中犹如一张隐形的大网，把一大群鱼围在中间。研究表明，海豚包围鱼群时有着相对明确的分工：有的负责阻止小鱼逃脱，有的则负责把一小部分新的鱼群赶入包围圈。在极为默契的配合下，“高端吃货”们就可以享用美食啦！

隔空探物

这一招是海豚的专属技能，因为它们拥有强大的回声定位系统，可以朝周围发出幅度很广的超声波。当声波碰到物体时，就产生回声，海豚能根据回声分析出目标的远近、方向、位置、形状、性质等信息。因此，即使在泥沙浑浊的水中，它们照样能迅速、准确地做出判断。对于这个天赋，海豚当然不会白白浪费了！这招隔空探物，就是利用声波找出藏在泥沙中的鱼，再用吻部的牙齿把它们捉住。但海豚不会咀嚼，只会把鱼整条吞下。海豚甚至还能发现藏在大贝壳中的鱼，这样隐蔽的藏身处也只有海豚能把它找出来！有时，海豚还会调皮地伸舌头试探小鱼。

虎鲸属于大型齿鲸，嘴巴细长、牙齿锋利、性情凶猛、食肉、善于进攻，是企鹅、海豹等动物的天敌，有时它们还袭击其他鲸类。就连大白鲨，它们也敢上前挑战，不愧是“海上霸王”。

攻其不备

这招一般用来捕捉逃避能力较强的猎物。通常做法是隐藏在对方难以发现的地方，悄悄接近，然后趁其放松警惕时猛然出击。虎鲸是运用这一绝招的高手，它们潜入水中，偷偷接近在浮冰上安逸休息的海豹，在海豹察觉危险前从浮冰边缘探出头，制造巨大的浪花，掀翻浮冰，使海豹落入口中。

围追堵截

虎鲸不但擅长奇袭，还很有团队合作精神。如果浮冰较大，一头虎鲸不足以将其掀翻，这时几头虎鲸便会合作，在浮冰四周围追堵截，包围冰面上的海豹。它们不断地撞击浮冰，有时还潜入水中用尾巴拍打冰层附近的海水，制造出骇人的浪花，最后迫使海豹无路可逃，甚至直接落入水中。然而，擅长团队合作的不仅是虎鲸，在这方面，瓶鼻海豚也不弱。澳大利亚鲨鱼湾的瓶鼻海豚，特别善于利用天然条件，在追踪突击时把鱼赶到沙滩上，在鱼走投无路时将其一举捕获。

独特的装备、傲人的天赋、灵活的战术、默契的合作，让这些“大吃货”享尽美食，让人们在艳羡的同时不得不佩服！然而即使如此，由于环境恶化和人类捕杀，这些可爱的大胃王也面临着严峻的生存危机。保护环境，拒绝非法买卖。没有买卖，就没有杀戮……

梦幻水母世界

水母是一种神奇的生物，看它们半透明的身体我们就知道，它几乎由水组成。不知道吃一只水母和吃一颗苹果哪个更能补充水分？

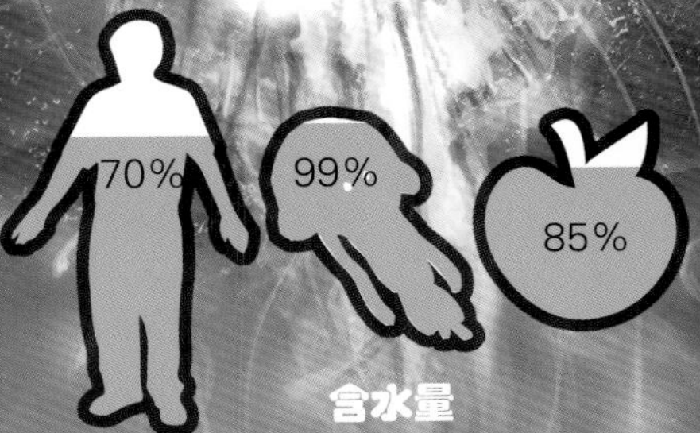

一顶花礼帽

栖息地：巴西、阿根廷以及日本的水域中。

花笠水母在不需要使用自己的触须时，会用触须把自己的身体缠绕起来，看起来就像一顶漂浮在水中的花礼帽。

煎蛋掉到水里面

栖息地：地中海、亚得里亚海、爱琴海海域。

地中海煎蛋水母长得像一只被打在水中的煎蛋，非常可爱。大多数水母需要借助洋流才能长距离游动，而这只“煎蛋”的行动能力比一般水母要强很多。

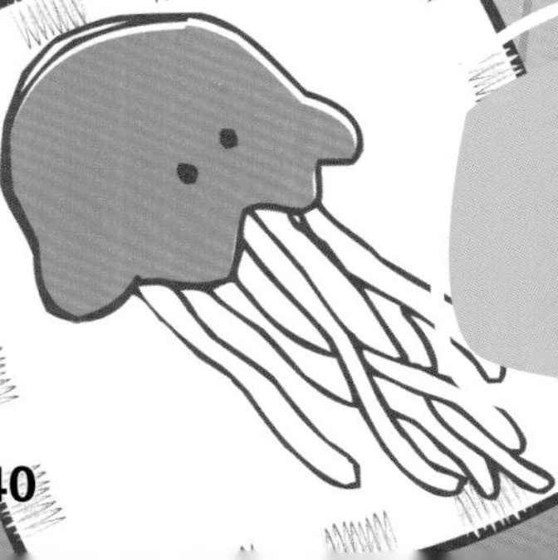

看我这样游

水母的游泳方式和宇航员利用喷气包运动的方式相似。水母们先从身体里喷出水，水的冲击力会把水母的身体顶向前方，这样一下一下喷水，水母就能像一顶圆伞一样在水中一张一合地前进了。

水生版“黑武士”

栖息地：北极海域。

黑武士水母是一种被发现不久的水母，有四条带毒液的触须，长得非常像《星球大战》里的黑武士达斯维达。

危险的蓝花球

栖息地：苏格兰、北海、爱尔兰海水域。

蓝水母身体长约15厘米，颜色非常绚丽，像一朵花球。如果你看到它，千万别伸手去触碰，因为它的触须全都带着危险的尖刺。

温柔的杀手

水母虽然美丽，却大多带有毒性。被有毒水母扎到的人轻则皮肤红肿刺痛，重则几分钟之内就会因呼吸困难而死亡。

长触须的银币

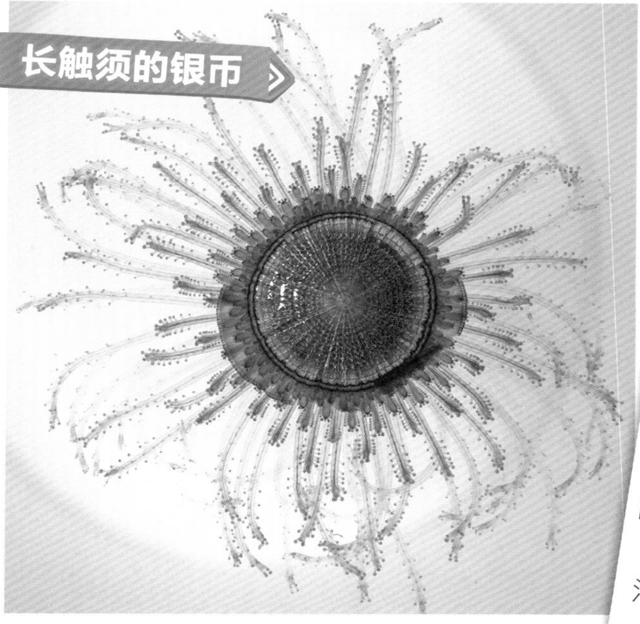

栖息地：中国东南沿海。

据说**银币水母**的触须是由许许多多的水螅虫组成的，这个事实让人感到有点儿小晕眩。

深红色水母

发现地：2005年，美国国家海洋和大气局对北冰洋考察时发现。

海中黑寡妇

栖息地：太平洋海域。

身披霸气深红色长袍的**黑海刺水母**是一种凶猛的大型肉食性水母，它们甚至连同类都吃，身体能长到6米多。

深海幽灵

栖息地：南极深海。

迪普鲁玛斯水母有着橘红色和白色相间的触须，非常漂亮。另外，它背上的斑点其实是一种微小的片脚类动物。

想长寿，住深海

通常，水母的寿命只有几个星期或几个月，有的也能活一年左右。其中，在深海生活的水母寿命会更长些。

超级能吃的“大白”

栖息地：太平洋南部海域。

白斑水母是一种个头儿大、胃口好的水母，喜欢吃海蜗牛等动物。它们甚至因为太能吃，而给它们的栖息地带来了威胁。

头顶“桃花运”

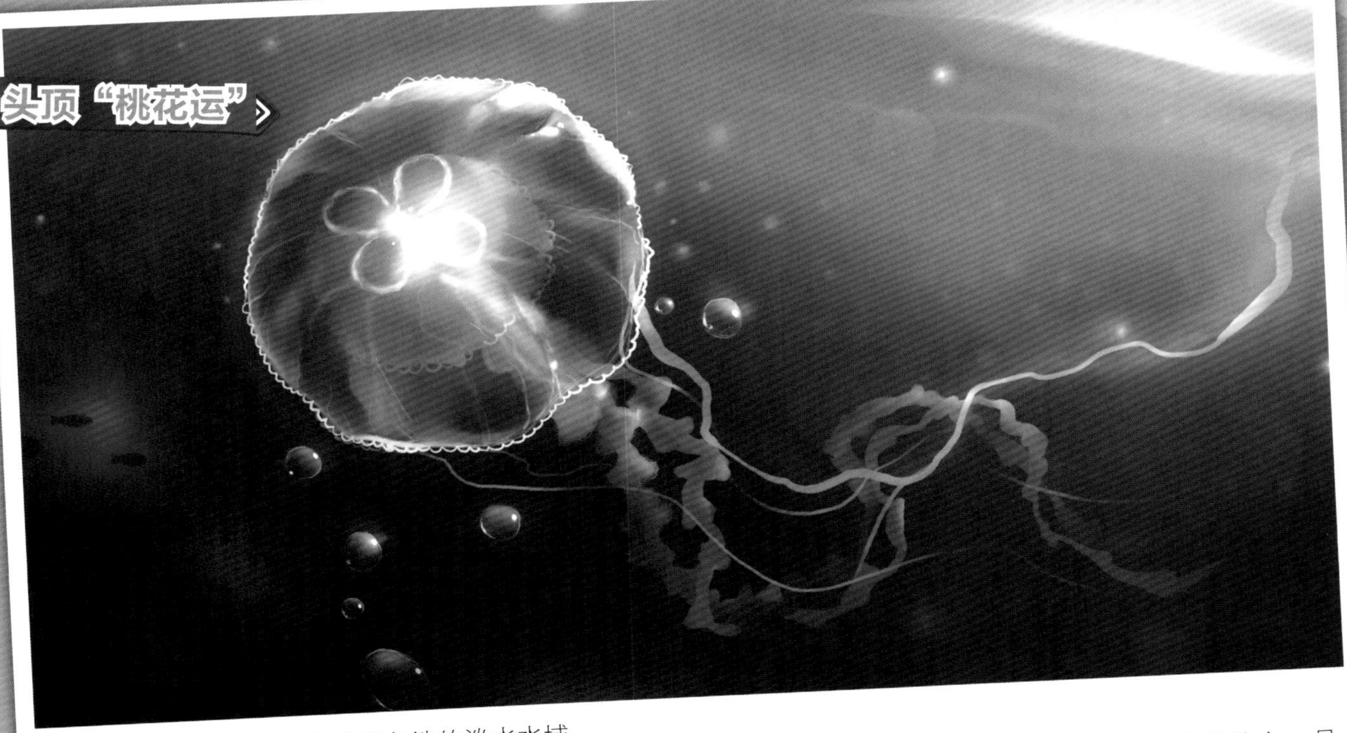

栖息地：几乎分布在世界各地的淡水水域。

桃花水母喜欢生活在清洁的淡水中，脑袋上总是顶着一朵会发光的“桃花”。它存在的历史非常悠久，是名副其实的“活化石”。

够吃一整年的大块头

栖息地：长江三角洲及日本海水域。

野村水母是世界上现存的体形最大的水母，能长到200千克（大约3成年人的体重）。更让人大吃一惊的是，它是可以食用的，不知道这大一只水母，可以喂饱多少人。

水母能长多大？

水母的品种千千万，比较小的成年水母大约有手掌心那么大，大个头的水母能长到直径1米多。

仔细阅读本章，你就能回答出以下问题：

- 水母能预测海上风暴，这是真的吗？
- 回声探测器是人类模仿哪种动物的技能发明的？
- Exosuit是什么东西？
- 潜水员会得潜水病吗？

炫酷的海洋科技

人类能模仿生物的功能，进行科学发明，这就是仿生。人类观察飞鸟，从而有了飞机；学习游鱼，然后有了轮船。在海洋中，每种生物都有自己的生存本领，新时代的科学家向它们学习，制造出了风暴预测仪、水下摄影机、回声探测器等先进仪器，将人类对世界的探索推向新高度。

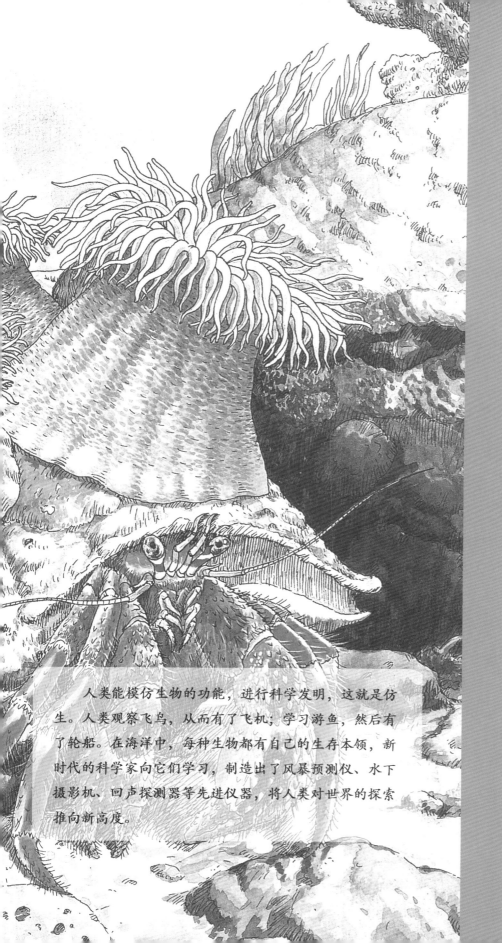

1 “水母耳”风暴预测仪无故损坏，无法预测海上风暴。

名称：“水母耳”风暴预测仪

功能：能提前15小时左右预报风暴。

结构：由喇叭、接受次声波的共振器和把这种振动转变为电脉冲的转换器以及指示器组成。安装在船的前甲板上，喇叭可以做360度旋转。当接收到8赫兹～13赫兹的次声波时，喇叭会自动停止，所指示的方向，即是风暴将要来临的方向。此外，指示器上的数据还可以告诉人们风暴的强度。

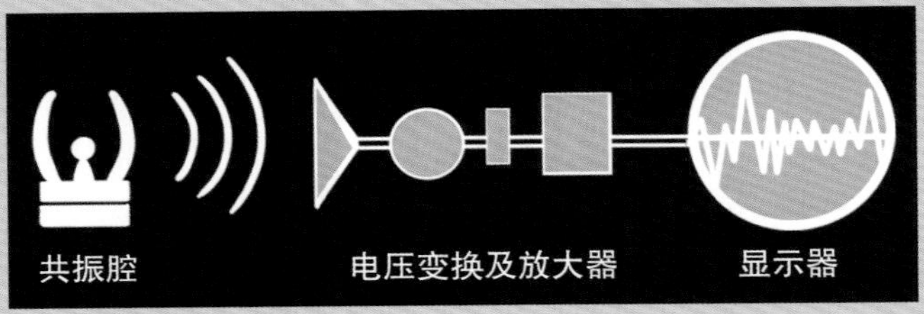

工作原理示意图

2 小记者可米不小心把随身携带的摄影机摔到了地上，无法进行海上影像采集。

名称：电视摄影机

功能：进行水下摄影，使所获取的影像更清晰。

结构：这个可不是一般的电视摄影机哦！它应用了根据侧抑制作用制成、能解由10个元素构成的网络方程的鲎（hòu）眼电子模型，可以在微弱光下提高图像清晰度，使模糊图像变清楚，得到轮廓鲜明的清晰图像。

住在海里的老师

一大早，我就让小记者可米去请几位仿生学大师了，可他到现在也没回来。眼看我的仿生实验室马上就要启动了，这可怎么办啊？“呼叫可米，呼叫可米……”伙伴雷欧拿着手上的联络话筒，扯着嗓子叫了半天，却听不到一点动静。

这边可米正望着茫茫无际的大海，欲哭无泪。原来在带着几位老师返航的途中，轮船出现故障。请你快来检修一下，看看可米到底遇到了哪些问题。

哎呀，我居然忘了正在船上的几位客人都是仿生学方面的大师，人类正是模仿它们才制造出了上述仪器，所以修好仪器对它们来说肯定是小菜一碟。不过，要想请它们出手，一定要各取所长。

下面就是几位仿生学老师对自身能力的陈述，你能帮可米将它们和前面损坏的仪器对上号吗？

3 回声探测器失灵，以至于船体无法躲避海上礁石，不小心触礁了。

名称： 回声探测器

功能： 回声探测器利用它发出的超声波碰到物体反射后所形成的回声来绘测物体的形状，以便帮助轮船绕过浅滩和暗礁、探测海底深度、搜索潜艇、寻找打捞沉船、导航和探测鱼群等。

4 尽管触礁事故不是很严重，但还是给船体留下了几道裂缝。

真糟糕，现在船体上的裂缝虽然不大，但如果继续航行，海水的冲击势必会让裂缝不断增大。这可如何是好呢？

水

我是一种极古老的腔肠动物，出现在5亿多年前的海洋里，比你们人类出现得要早得多。我的模样儿十分有趣，就像是一把撑开的伞。在伞缘上有很多触手，还有一个细柄，上面长有小球，它就是我的耳朵。

别看我的耳朵不起眼，它可是个“顺风耳”，能最早、最准确地预报海上风暴。我的耳朵内有一个小小的听石，当风暴产生时发出的次声波（由空气和波浪摩擦而产生，频率为8赫兹～13赫兹，传播比风暴、波浪的速度快）震动小听石，听石就会把震动传给耳壁内的神经感受器，我才能听到风暴声，警惕地离岸游向大海避灾。

现在，你能猜到科学家模仿我创造了什么吗？

鲎

(hò

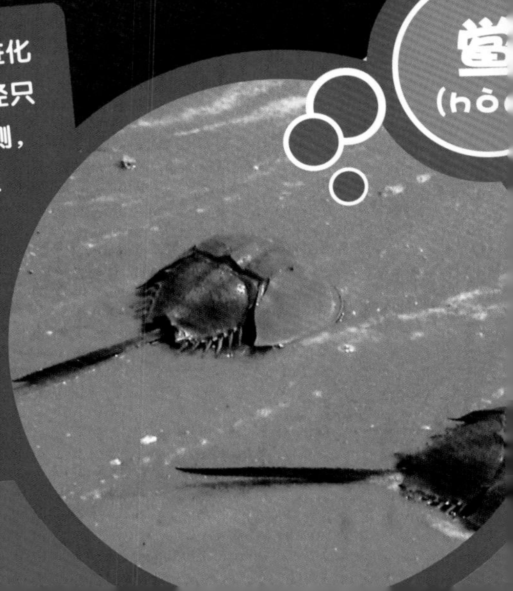

我出现在4亿多年前的地球，是古老的海洋节肢动物。我进化得不明显，最奇特的地方就是有4只眼睛。前面的两只小眼直径只有0.5毫米左右，是我感受紫外光的视觉器官；在我头部的两侧，还各有一只奇特的大眼睛，每只约由1000只小眼组成。它们被称为复眼，对我的视觉影响最大。

我的复眼在受光束照射之后，相邻的小眼彼此会抑制对方的受光量，这就是所谓的“侧抑制作用”。这种侧抑制作用能略去景物的细节部分而突出其边框，从而大大增加景物的清晰度，让我能更好地欣赏美景。怎么样，是不是很羡慕呢？

海豚

对于我们，大家一定很熟悉了。我们不仅游泳速度快，而且还有一个超级本领——不管白天黑夜、清水浊水，我们总能准确地捕到鱼。要说法宝嘛，当然是体内的回声定位系统。

我们头部内有三对气囊，通过充气和挤压，能够发出不同频率的超声波。气囊内还有一个声学透镜体，可以折射声波。气囊发出的超声波被声学透镜体折射后，变成探测声波发射出去，遇到物体又反射回来，经内耳接收，由大脑分析前方的物体是什么。因此，我们的定位探测能力极强，不仅能分辨3 公里以外鱼的性质，而且还能侦察到15 米外浑水中的小鱼。至于海底暗礁，那更是不在话下。

藤壶

哎，一提到我们，很多渔民总是“谈藤壶色变”，因为我们总是喜欢附着在船底，给前进的船只增加阻力，而且我们附着在金属物上还会破坏金属表面的油漆保护层。总之，我们似乎给你们人类造成了不小的危害。可生活习性如此，我们也无可奈何啊！

不过，好在科学家们发现了我们有价值的一面。我们能分泌一种黏液，俗称“藤壶胶”，黏结能力惊人，能让我们牢牢地附着在岩石、船体上。于是，科学家通过分析，仿照我们的黏液制成了最有效的黏合剂，用来黏结制作材料，既轻便又耐用。造船业、机械制造业甚至航天工业都离不开我们的“超级黏合剂”。船漏了，别担心，有我呢！

怎么样？现在，你是不是将它们和损坏的仪器对上号了？

答案

水母——“水母耳”风暴预测仪
蝇——电视摄影机
海豚——回声探测器
藤壶——黏结轮船裂缝

海底沉船

海底探险小组

船锚——潜水者的生命线

探测船载着本、莎蔓和一二驶入预定海域。本用金属探测仪搜索海底，探测仪发射的电磁波可以透过泥沙，感应到深埋海底的金属。搜查范围很快便锁定了，本抓起船锚的锚链，5米长的铁链后面接着一条几百米长的尼龙绳。本神情严肃地缓缓放下船锚，一二和莎蔓穿好装备，潜入深不见底的大海中……

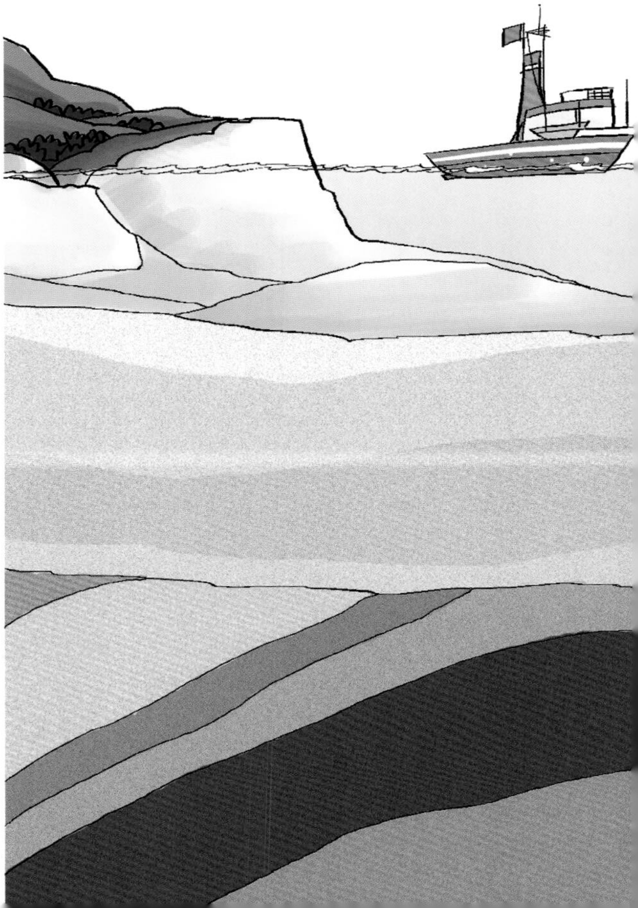

18 世纪初期，西班牙大帆船“圣乔治”号从巴拿马起航，满载着金条、银条、金币、珠宝向西班牙领海驶去。当时西班牙正在与英国、荷兰打仗，这艘商船不幸被海上巡逻的英国舰队击中，葬身大海。三百多年来，数不清的人试图找到“圣乔治”号，瓜分船上的财宝。

由资深潜水员本、莎蔓、小记者一二组成的海底探险小组，任务就是确定“圣乔治”号的沉没位置，在盗宝者发现它之前，报告给国际海事组织。

要找到“圣乔治”号沉船，至少要潜入几百米深的海底。对于这个深度，就算极富经验的本和莎蔓也得小心翼翼。深海中的压力、泥沙、氮气都能成为瞬间掐断他们咽喉的杀手。稍一疏忽，静谧的大海随时会成为潜水员的葬身之地。

大寻踪

● 王月纪

船锚

要设定精确的下潜方位，放下船锚是整个潜水过程中至关重要的一步。船锚不仅可以使探测船静止，而且还是潜水员在茫茫大海找到沉船的关键因素。在能见度还不到25厘米的海底环境下，潜水员只有沿着船锚结绳，才有可能找到沉船的位置。更为重要的是，要返回探测船，必须依靠船锚上的绳结辨认方位。

深海杀手——“氮醉”

潜水计算机表显示此时的深度为60多米。黑暗让一二感到异常压抑，没有一丝光线射入的深海中，一二觉得自己变成了一个瞎子。更糟糕的是，一二感觉自己撞上了海底的岩石，她甚至听到了呼吸器官与岩石摩擦发出的声音。完了！湿式防寒衣潜水服被撕裂了，一二感到自己正在缓缓地、无力地沉入大海……

“难道一二的小命就要交代在这里了吗？”

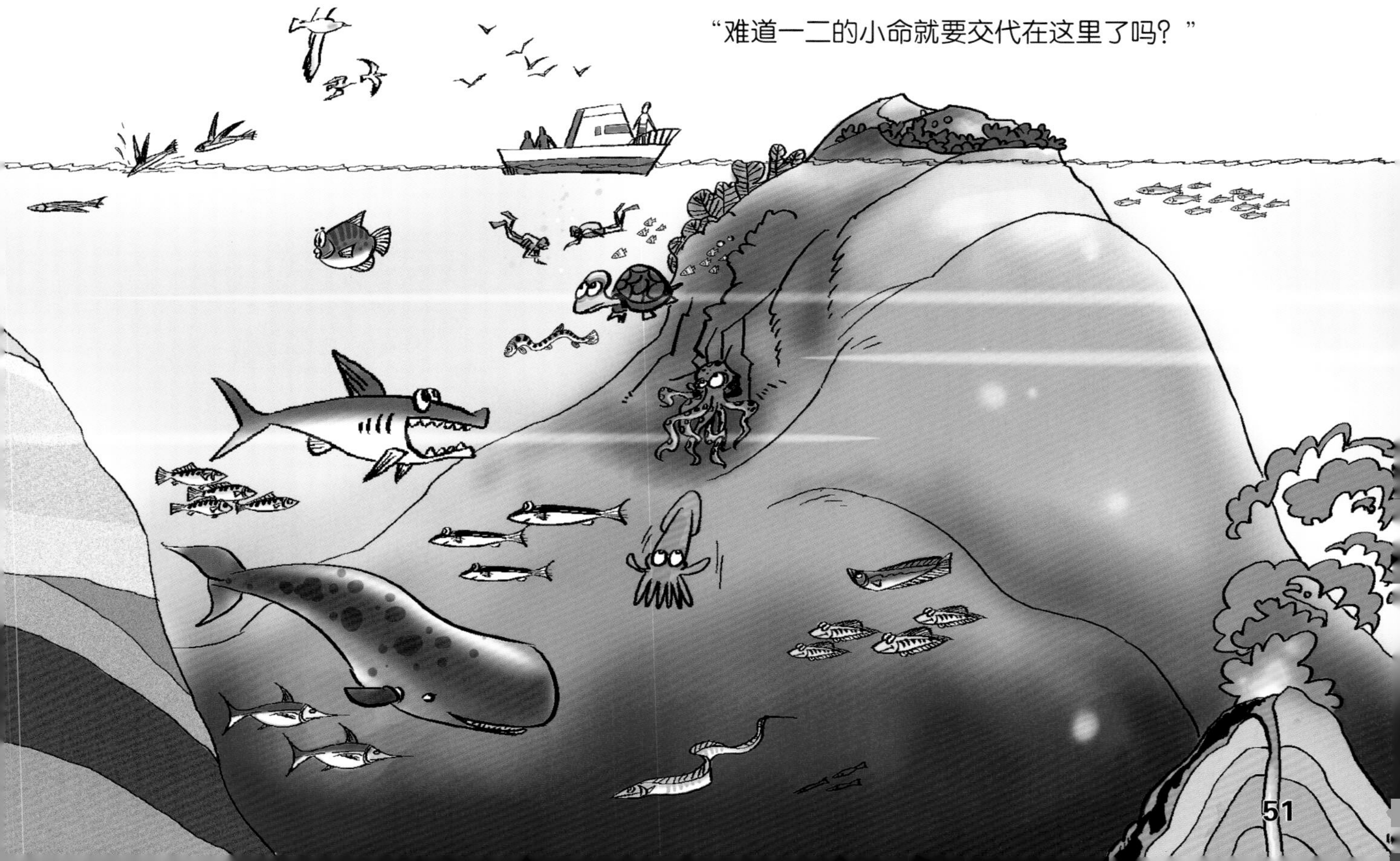

氮醉

放心，一二并没有死，一切都是她的幻觉。在深海中，一二出现了“氮醉”反应。“氮醉”被潜水的行内人称为“深海杀手”。沉船附近经常出现睁着惊恐双眼的潜水者尸体，他们并没有遇到来自外界的危险，杀死他们的是由“氮醉”产生的幻觉而引起的失控和恐惧。氮气本身具有麻醉作用，尤其是在潜水员使用压缩空气进行潜水活动的情况下，麻醉作用表现得更加明显。潜水员在水下呼吸时产生的氮分子随着血液进入人体各个组织，他们在水下耽搁得越久，体内积聚的氮分子就越多。这些氮分子会干扰潜水员的神经和精神，潜水员会像喝醉酒一般，出现幻觉、意识不清，甚至做出愚蠢的行为。

所幸有莎蔓的营救，一二很快从“氮醉”反应中恢复了意识。她们继续下潜，100 米、200 米……沉船果然在本预测的地点“现身”了，一艘满身珊瑚和植物的船体斜斜地倒在泥沙里。船体残骸中隐藏着锋利的破钢板、缠人的线缆以及到处游走的能钳断氧气管的龙虾螯……这些都是可能夺走潜水员生命的“不安定因素”。找到锚绳后，一二和莎蔓在预定的深度停留片刻，以便使留在体内的氮气排出体外。她们每次的停留时间都是经过精确计算的，潜入的深度越深，用于减压的时间就会越多。一二和莎蔓能够待在海底的时间已经

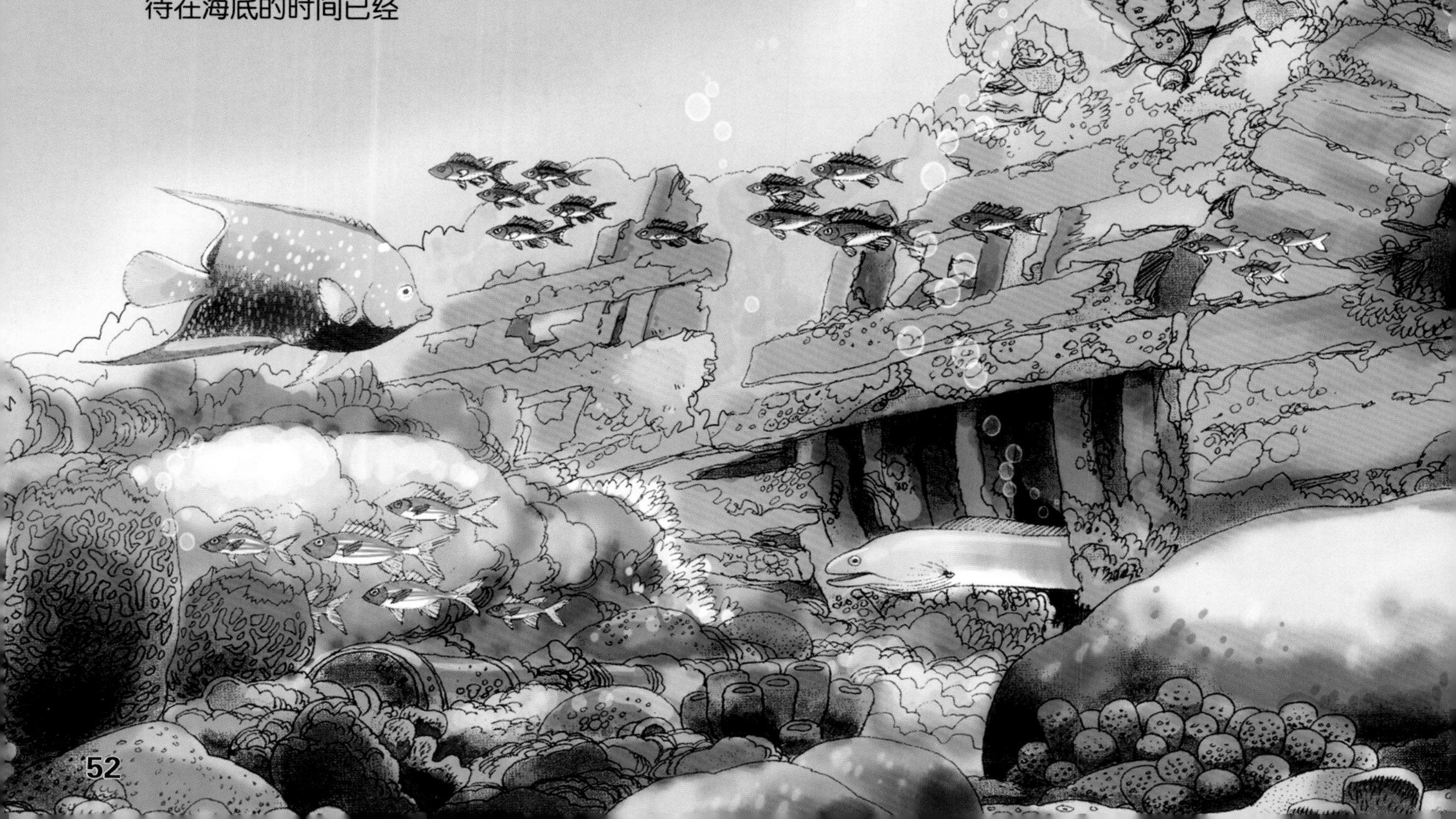

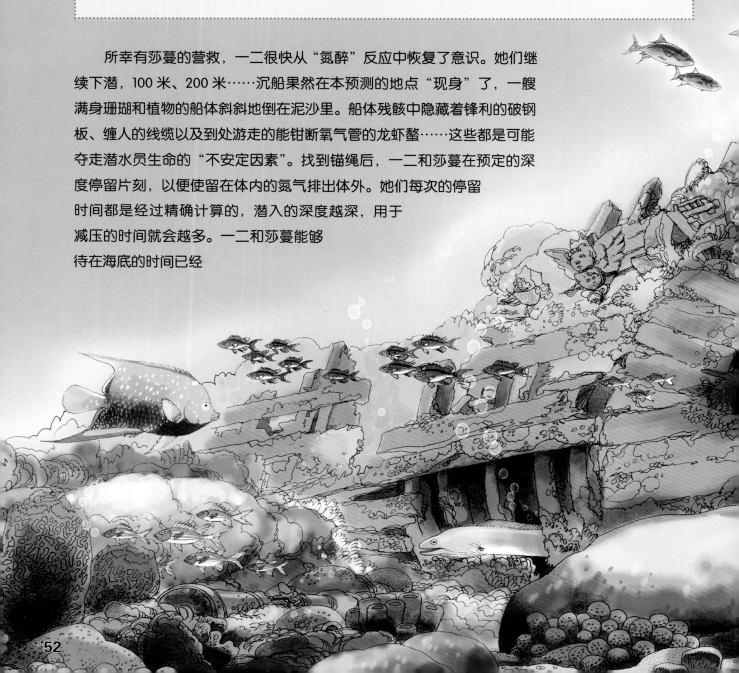

深海潜水必备装置

设备清单：调节器、水肺、蛙鞋、湿式防寒潜水服、浮力调节装置、潜水计算机表、配重带。

潜水器（水肺）：持续不断地提供空气。

调节器：与氧气瓶相连，需要空气时，可以打开调节器上的阀门。

湿式防寒潜水服：由绝缘材料氯丁橡胶的材料制成，有超强保暖性能。

配重带：增加重量。它使潜水员即使在海底也有一定重量，不至于浮上水面。

浮力调节装置（BCD）：控制水中的运动方向。向内部的气囊充气，就会浮上水面，放出空气，就会下沉。

潜水计算机表：显示当前的深度、气瓶里剩余的氧气量。

蛙鞋：让潜水员在比空气密度大 800 倍的海水中自由行动。

不多了……

千钧一发！离预计时间只差十秒时，一二和莎蔓终于浮出水面，本一颗悬到嗓子眼的心平安地回到胸腔。虽然旅途惊险，但深海探险小组总算获得了“圣乔治”号的准确位置。接下来，就是将它报告给国际海事组织，让相关人员前来“探宝”啦！

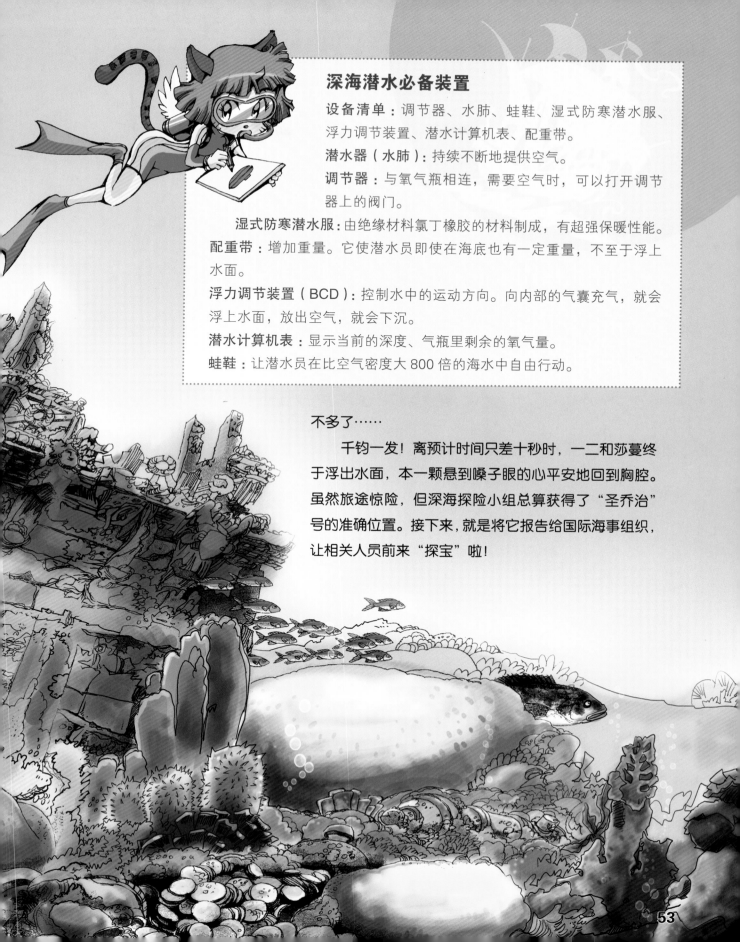

“钢铁侠”攻占海底

这套像钢铁侠战服一样霸气的**潜水装置**叫作“**Exosuit**”。

穿上这套功能强大的“**战服**”，科学

爱德华·奥布莱恩是世界上第一个穿着“Exosuit”进行海洋探险的人。

一样在**海底**进行考古工作。

Exosuit 能支持潜水员在 300 多米深的海底“游玩”**数小时**。

让我们一起来看看这套帅翻天的潜水服！

它有着巨大的身体和粗壮的手臂，由最好的铝合金和硬质合金打造而成，重 240 千克，高 2 米。潜水员穿上它瞬间化身为力大无穷的钢铁侠！

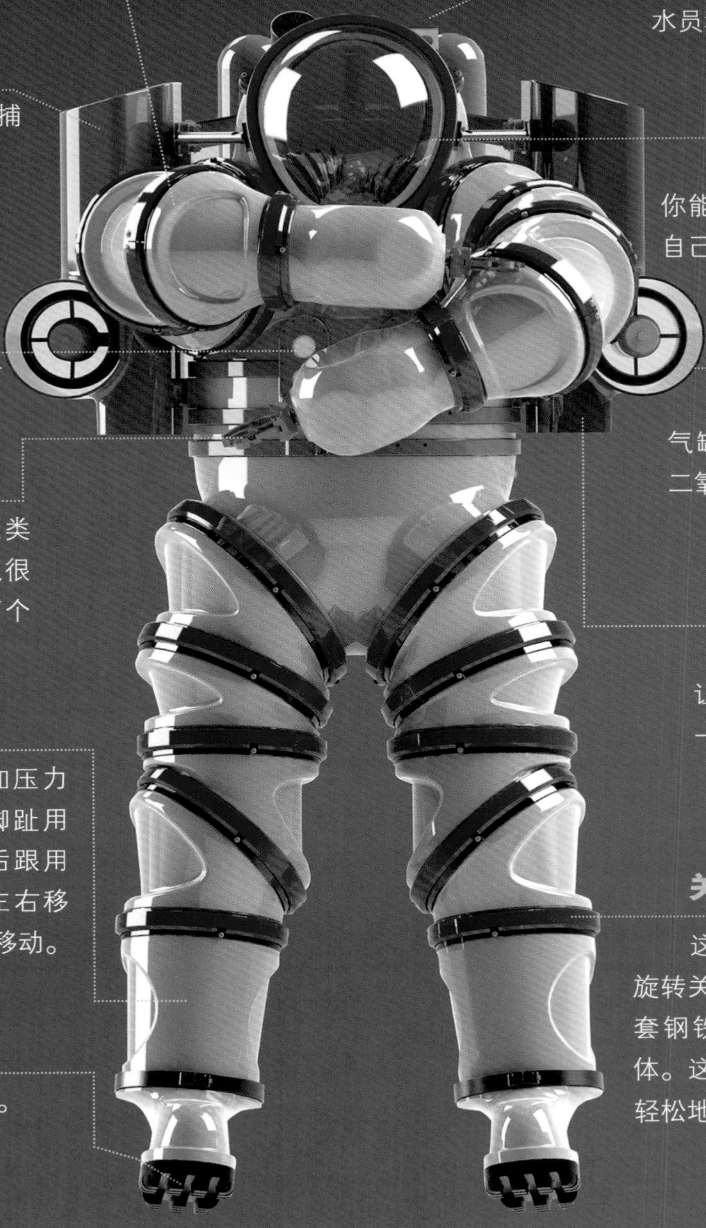

全新的旋转接头

这种全新的关节旋转接头在几百米下依然非常灵活。

头盔

头盔能从内部控制全身的生命维持系统，并能让潜水员和地面随时保持沟通。

摄像机

头盔旁的摄像头能捕捉高清视频画面。

面罩

从这个球形的面罩里，你能低头看到胸前的装备和自己的脚。

灯光

胸前强大的 LED 灯能照亮黑暗的海底深渊。

生命支持系统

这里有两个单独的氧气罐，以及空气过滤器和二氧化碳循环洗涤塔。

机械手

这些爪子能模仿人类的手在海底工作，力气很大，样子看起来像是两个会转动的“V”。

推力包

个头小、推力大，让潜水员真的像钢铁侠一样在海底“飞驰”。

脚踏板

脚踏板能通过感知压力控制推进器的角度。脚趾用力身体会向前进，脚后跟用力身体向后运动，脚左右移动潜水服也会跟着左右移动。

关节

这套潜水服一共有 18 个旋转关节，让潜水员能够在这套钢铁战甲中自由地移动身体。这样潜水员就可以在海底轻松地搭建筑、搞科研了。

脚踝连接器

这里可以连接蛙鞋。

“钢铁侠”被派往三处沉船地点进行测试。

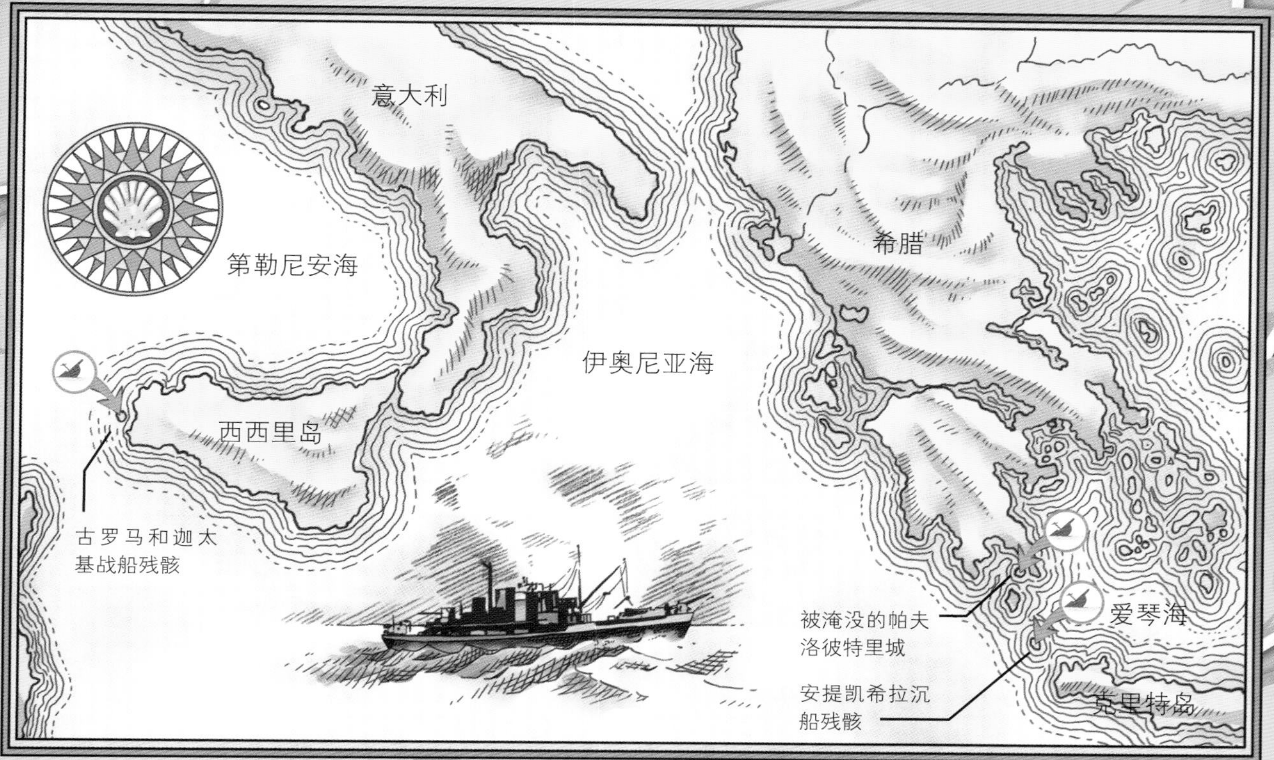
意大利
第勒尼安海
伊奥尼亚海
希腊
西西里岛
古罗马和迦太基战船残骸
被淹没的帕夫洛彼特里城
爱琴海
安提凯希拉沉船残骸
克里特岛

“钢铁侠”的潜水日志

日期： 2014 年 10 月

地点： 爱琴海“安提凯希拉”沉船残骸处

日志主人： 美国伍兹霍尔海洋研究所科学家——爱德华·奥布莱恩

今天的天气非常好，适合洗衣服、出游以及海底探险。一大早，我爬进了一个看起来满身金属肌肉的大外套里。没错，这就是刚刚投入实验的 Exosuit，我很荣幸成为了第一个穿上它去海底探险的人，虽然心里还有点儿小小的不安。

上午 10:40，我从“西蒂斯”号上被放入海中，下潜到水下 60 米深的地方。在这里，我见到了沉船“安提凯希拉”号。套在我身上的 Exosuit 能很好地维持铠甲内的压力，我根本感觉不到我在令人窒息的深海中。在这里，我就像在陆地上一样轻松。我在水下转悠了很长时间，收集了足够的资料后，迅速返回了水面。要知道，我以前从事潜水工作时，总是要上浮一段距离就停留一段时间，否则会得潜水病。有时候因为下潜得太深，停留次数特别多，我甚至不得不带着杂志在水中消磨时间。

潜水病是一种会威胁潜水员生命的疾病。当潜水员下潜到水下时，周围的水压会变大，使得一些本不融于血液的气体融入血液。这时，如果快速上浮，周身压力减小的速度过快，就会使得血液中的气体游离出来，形成气泡，产生栓塞，致人昏迷。

水下考古简史

在 Exosuit 问世之前，看看科学家们都发明了哪些用于潜水的怪玩意儿。

1531 年

发明潜水钟

这种**头罩**可以封住一些空气，让潜水员在水下活动**约 1 个小时**。

1620 年

发明潜水艇

世界上第一艘**潜水艇**是由 **12** 个人在艇身里划桨驱动的。

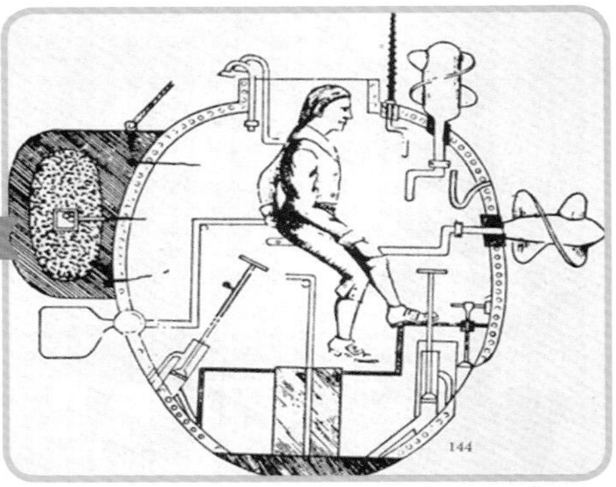

1691 年

氧气桶

此时发明的氧气筒能给水下潜水员输送氧气，让他们在水下待的时间更长。发明人名叫**哈雷**，没错，就是发现哈雷彗星的那个家伙。

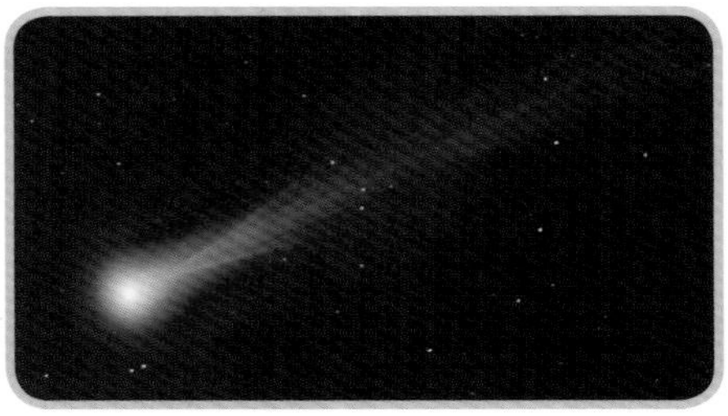

1715 年

早期潜水服

第一件饱受缺陷困扰的**潜水服**问世了。

1900 年

“霍兰”潜水艇

这是第一艘由**汽油**和**电力驱动**的潜水艇，改进后被投入了**第一次世界大战**。

1864 年

“钢肺”问世

这种“钢肺”是**“水肺”**（自给式水下呼吸器）的**前身**。

1934年

在钢球里探险

这颗大球重达两吨半，能带人下潜到**水下800米**。不过你在这里面**只能干瞪眼**，别的事情干不了。

1960年

最深的成就

在这一年，人类到达**马里亚纳海沟底部**（1.1万米），潜水艇的舷窗玻璃都被巨大的水压**压裂**了。

20世纪60年代

科学家们开始使用**机器人**探索海底。

20世纪70年代

一种自动潜水器被发明，只要给它预先输入程序，它就会在水下自动采集数据、执行任务。

1980年

水下摄影机

“泰坦尼克”号沉船的发现者罗伯特·巴拉德发明了水下摄影机，可以为人们实时报道“泰坦尼克”号的发掘过程。这真是一项了不起的发明！

2014年

“钢铁侠”Exosuit问世！

仔细阅读本章，你就能回答出以下问题：

身穿潜水服时，能安全潜入的深度是多少米？

进化论是谁提出来的？

『尿液循环机』是做什么用的？

极地冰川融化会导致海平面上升吗？

未来海洋畅游

在地球上，海洋比我们生活的陆地大得多，占全球总面积的71%。科学家预测，几千年后，陆地会彻底消失，地球将变成一个完完全全的水球。畅想一下，如果现在被困在冰冷的海上，没有淡水喝，无法用腮呼吸，不能长时间漂浮，应该怎样生存下去？海洋的威力是无穷的，我们不能征服海洋，就和海洋友好相处吧！

水世界生存大挑战

我们即将迎来一个湿淋淋的夏天，大家可以在大海中任意畅游，永不上岸。因为几千年后，地球就会像一根胖冰棒一样，悄无声息地融化了。

影、兰琪、千里、信号灯四位勇士来到未来世界，其实“各怀鬼胎”。影想品尝千年后烹饪出的美食，千里是为了遍览“新世纪”俊男美女，兰琪则是为了寻找未来致富经。谁也没有想到，这里没有美食、没有帅哥、没有致富经，只有一片汪洋。

瞧，这就是我们现在所处的世界。水面上漂浮着各种残骸和船只，水下则浸泡着我们曾经的文明。我们必须想办法在这里生存下来，如果可能，我们还需要找到传说中的最后一块陆地。

生存挑战第一关——拥有一艘船

每个被困海上的人首先想到的必定是船！至于是谁发明了船，这是个值得争论的问题，有人说是第一只学会趴在木头上过河的动物，有人说是第

只
世
家

军舰

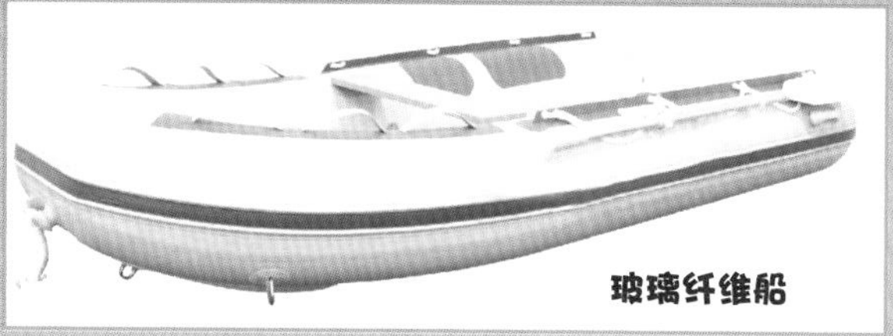
玻璃纤维船

用途派： 客轮、货轮、渔船、拖船、军舰……

构造派： 在这个“百船竞艳”的水上时代，船的构造已然成为了船主们思想与品位的象征。来看看勇士们的“我船我秀”造型大PK吧！

千里

千里的单体船——单身贵族，独善其身。

从石器时代发明独木舟开始，人类似乎就懂得“简约就是时尚”这个道理。单体船的制作工艺相对简单，体形可大可小，非常适合独自飘洋过海的海行者驾驶。

信号灯

信号灯的双体船——像有两条长腿的大鸵鸟。

信号灯威风凛凛地驾驶着他的“钢铁怪兽"加入了我们的大航海时代。双体船的造型不仅拉风，而且还能使船承受更大的风浪，不易翻船。最妙的是，这种设计增加了甲板面积，可以存放更多的物资了。

人力船： 需要靠人力划桨来使船前进。

帆船

帆船： 用帆借助风力前行。

轮船

轮船： 用发动机提供动力。

轮帆船

轮帆船： 不仅有发动机，也有帆。

兰琪的三体船——战船中的“鬼畜”船！

这艘“神剑”般霸气十足的三体船不愧是属于兰琪的。当它冲上海平面时，黎明都为之黯然。三体船比双体船更稳定且抗折腾，并且行驶速度非常快，油耗很低。除此之外，三体船还有出色的战斗能力！

宽大的甲板可以装载很多武器，甚至是飞机。
兰琪
重要的设备和弹药放在中间的主船体里。
两侧的副船体是主船体的盾牌，能抵挡水下的鱼雷和水面上的炮火攻击。
三体船每个船体都很瘦长，这样行驶起来阻力很小，速度也就更快。

这么大的家伙，其缺点是很容易被狭窄细长的通道卡住。不过在汪洋大海中，这也不是事儿。

如果你看过电影《少年派的奇幻漂流》，那你就一定知道只用一条船漂洋过海是何等艰辛。我们需要食物、衣服等各种生活用品，但它们都沉在水下，我们该怎么办呢？

生存挑战第三关——选择一件潜水服

在水世界中，比船更令人羡慕的装备就是潜水服！

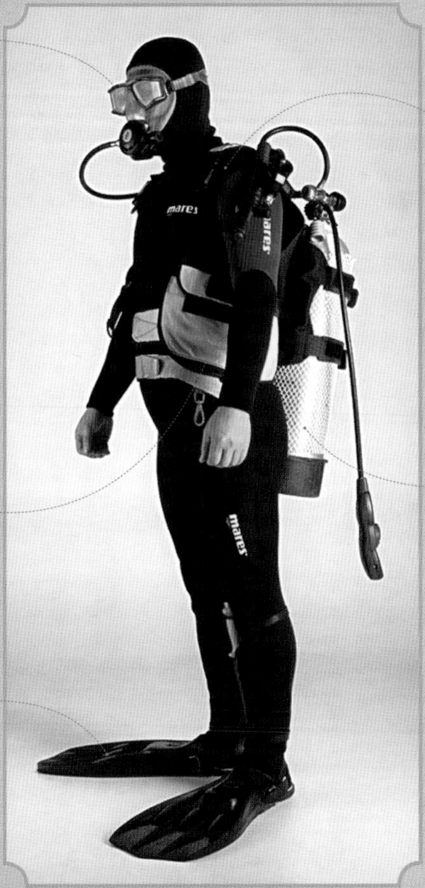

潜水镜： 你需要保持良好的视野。另外，液体有放大作用，你在水下透过潜水镜看到的物体要比它们的实际尺寸大。

背包： 它可以让你带上在水底可能用到的所有工具，还可以将你在水中搜寻到的物资打包带走。

脚蹼： 它可以让你像鱼一样在水中畅游。

潜水服： 穿上潜水服不仅可以保暖，还能增加人在水中的浮力。

氧气筒： 里面充满了压缩空气，能让你在水下正常呼吸几个小时。

仪表组件： 它是你的安全保障，能随时提醒你水压、水深、方向、剩余氧气量等。

你真的需要它？

首先，我们需要知道，我们在什么情况下才需要穿潜水服。没人会逼你在闷热的大夏天穿上厚厚的潜水服潜水，因为潜水服最主要的一个作用就是保温。当水温在27摄氏度以上的时候，你可以穿着任何东西跳进水里，但在温度低于20摄氏度的时候，

挑潜水服跟女生挑衣服一样麻烦！

潜水服不仅有大小号，而且有不同的样式。只可惜你不能由着你的个性选择型号，也不能完全随着自己的爱好选择喜欢的样式，而是要根据你所在的地区、季节等情况来选择。

比如，在零下10摄氏度以下的地方潜水时，你就必须穿上看起来会让人行动不便的干式潜水服。影非常喜欢这种潜水服，因为穿上它不仅会让自己看起来像个特种兵，还可以掩饰自己不太苗条的身段。

另外，潜水服一定要合身，不能太大也不能太小，因为在水下，每一个小差错都可能酿成大祸！

干式潜水服

一件潜水服真的就够了吗？

当然不！因为一般人即使穿上潜水服，也只能下潜到水下60米的地方，继续下潜就会有一定的危险。可是世界远远不止被海水淹没了60米，而最紧缺的物资往

生存挑战第三关——让我们“退化”吧！

你是否听说过，有人因为长期生活在水世界中而进化出鳃这件事儿？信号灯就听说过，不过是在科幻电影里。那么科幻会变成现实吗？

你也许多少听说或了解一些达尔文的“进化论”。这种理论认为地球上的生命起源于海洋。我们可以这样理解：几亿年前，原始海洋中产生了一些微小的生命迹象，这些生命在漫长的时光中进化成了鱼类。之后，这些鱼类来到岸边，登上陆地，进化出了脚，最后学会了行走。

注意：此图仅为鱼类进化成人类的想象过程，并非科研成果。

直到如今，比人类更早出现的恐龙的化石，以及人类进化完毕前最后一种形态——类人猿的化石都相继出土了，但科学家们依然没有找到从鱼到人的过渡形式的化石。也就是说，尽管“进化论”被许多人认为是天经地义的，但其实这个理论可能并不完善。人类依然在探寻自己来自何方。也许有一天，米粉当中某些人，也会加入到这个探索先驱者的团队中。

话说回来，如果达尔文的进化论是正确的，那么在全球海平面上涨的情况下，人类在遥远的未来重新进化出能在水中生活的形态也不是不可能的，但这需要漫长的时光，所以信号灯在有限的百年生命中还是别想了。

虽然不能进化出鳃，但信号灯身上还是“奇葩”地出现了某些稀奇的返祖现象。成日成夜趴在电脑前打游戏的他经常被大家感慨越活越倒退。这样下去，腰渐弯、背渐驼的信号灯不久就能回归森林古猿的形态了。

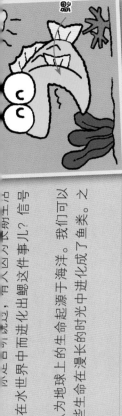

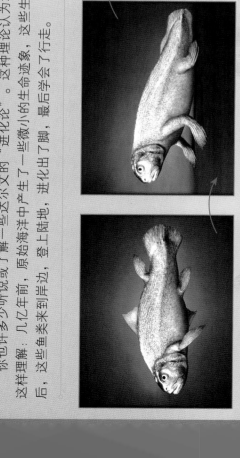

如果想成为海上生存的能手，你就必须掌握一些实用的生存小技巧。它们都是劫后余生的航海家用智慧和勇气换来的宝贵经验！

生存挑战第四关——掌握求生小技巧

救生筏上可能会有晕船药

长期在水上漂荡，铁打的身体都有可能出现晕船的现象。你可以不怕晕，但是呕吐不仅会让你丧失体力，还会引起脱水。如果你所在的船上有治疗晕船的药物，最好不要一口吞掉它，而是把它含在舌头下面慢慢融化。虽然味道不佳，但是，这确实是最能发挥药效的服用方法。当然，不要一次吃左图中这么多……

如果落水，请莫要慌张

要让漂浮在大海中的求生者保持快乐的心情大概是不可能的，但我们要尽量放松，因为紧张会使人更快溺水。要知道，人自身的浮力其实是可以保持人的头部浮在水面上的。

如果我们真的不幸落入水中，要记得脱掉鞋子，扔掉有可能拖你沉入海中的任何东西。之后，你可以尝试采取仰躺的形式飘浮在海上节省体力。

真的要喝自己的“37度恒温”吗？

一般人可以坚持七天不吃饭，却撑不住三天没水喝，所以我们必须要把找水这件大事儿提上日程来。我们首先可以想到的就是接雨水过日子，但是这得看老天的心情。要是接连几周晴空万里，那可真就是件要命事儿了！

这时候我们或许需要一架尿液循环机。虽然科学家承诺，尿液经专业机器过滤后比超市里卖的纯净水还要洁净，但是初喝自己的尿液对谁来说都是件上洗脑髓、下洗肠胃的功夫活儿。事实上，尿液循环机已经上市了！谁会买它？航海探险家？有可能，但这种机器首先被用到了宇宙空间站。

空间站上的每一杯水都是用火箭运上去的，成本已经高得让科学家们“抓耳挠腮”了。幸好宇航员

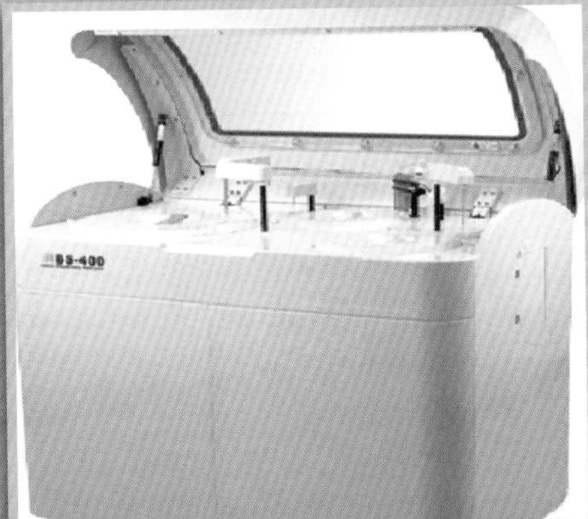

为美国国际空间站配备的尿液循环机——模

我们需要一张能为我们指引方向的地图，而下面的这张图不仅可以告诉我们这些城市什么时候会被淹没，还会告诉我们8000年后仅剩的大陆在哪里。

生存挑战第五关——寻找最后的大陆

8000年后，大陆就会被海水“啃”得剩这么点儿啦！看来这张图就是几千年后的寻宝图啊，找寻大陆全靠它了。

当海平面逆袭大陆——这些城市什么时候将迎来大航海时代？

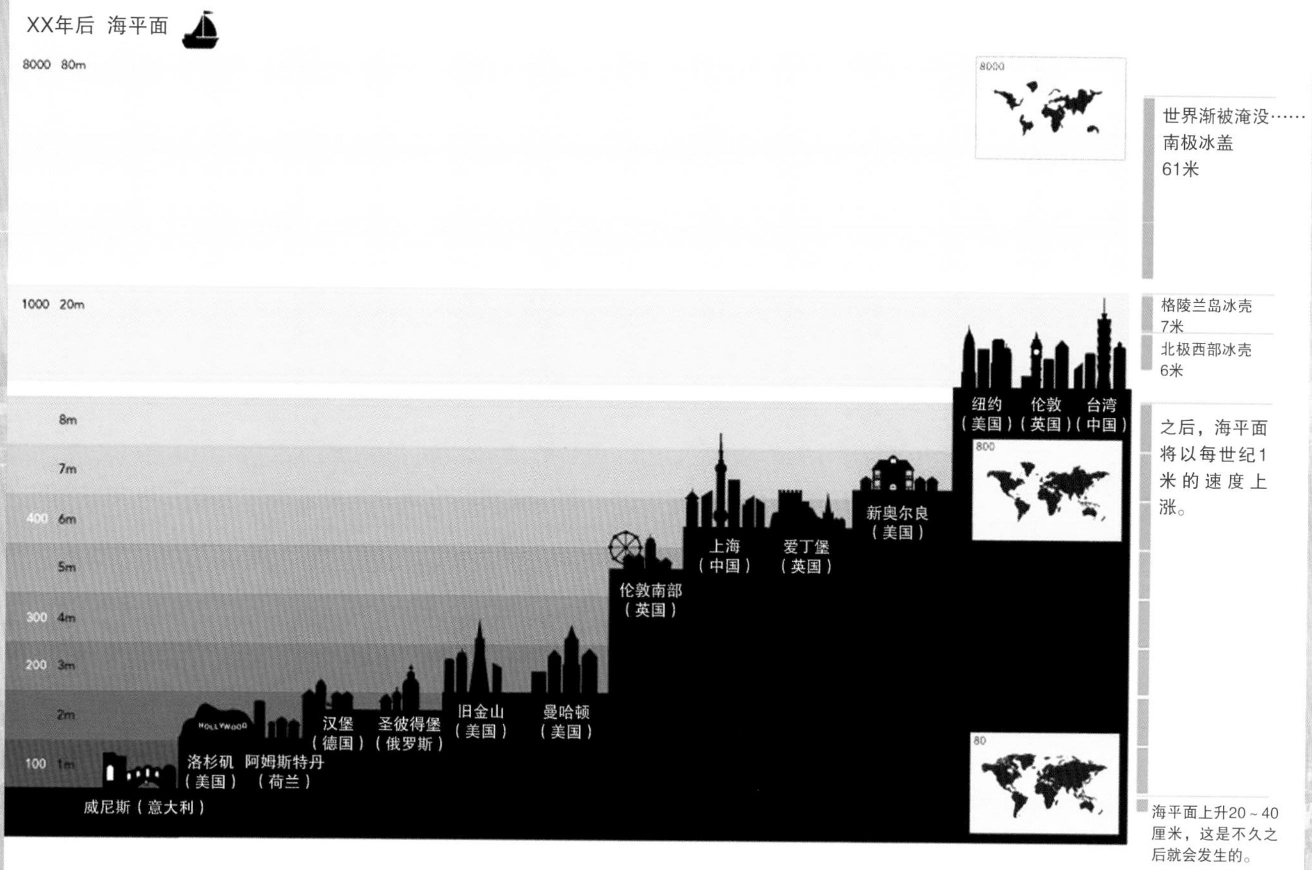

XX年后 海平面
8000 80m
1000 20m
8m
7m
400 6m
5m
300 4m
200 3m
2m
100 1m
8000
世界渐被淹没……
南极冰盖
61米
格陵兰岛冰壳
7米
北极西部冰壳
6米
纽约（美国）
伦敦（英国）
台湾（中国）
800
之后，海平面将以每世纪1米的速度上涨。
新奥尔良（美国）
上海（中国）
爱丁堡（英国）
伦敦南部（英国）
旧金山（美国）
曼哈顿（美国）
汉堡（德国）
圣彼得堡（俄罗斯）
洛杉矶（美国）
阿姆斯特丹（荷兰）
威尼斯（意大利）
80
海平面上升20～40厘米，这是不久之后就会发生的。

除了极地冰川融化外，上层海水变热膨胀也是导致海平面上升的一大因素。当然，海水变热膨胀和极地冰川融化都是由全球气候变暖导致的。而更令人“虎躯一震”的坏消息是：近年来的局部地面沉降也直接影响到海平面的相对变化！简直“横竖都是死”啊！为了减少污染，今后我吃零食也一定要选包装简易的。

你就不能不吃……

如果你有志让海水淹没大陆成为谣言，让这张地图成为废纸，那就和我们一起，从点点滴滴的小事做起，保护环境。相信地球的命运会被所有热爱地球的孩子们扭转！

我们为可能发生的小行星撞地球等灾难而感到焦虑，却容易忽视我们脚下那温柔又暴虐的海洋。认真计较起来，其实海洋比小行星更擅长出演“生命终结者”这个角色。

海洋：毁灭人类的N种方法

怒海之威

对于自然灾害，我们商讨过许多应对方法；对于世界末日的景象，我们作出过许多猜测。但是，没有任何一种情况能比这更令人绝望……
超级飓风能毁灭你所想到的任何东西。
海平面下降伴随着生物大灭绝！
海啸是沿海地区和岛国的噩梦。
海平面上升给人类文明带来灭顶之灾。
海洋酸化可能是造成2.5亿年前地球上生物大灭绝的“元凶”。

海洋的“大规模杀伤性武器”

生命初始于海洋，海洋也有终结生命的力量。如果海洋对我们忍无可忍，人类在劫难逃！

“狂风”：超级飓风

据说，当海面温度升高到50摄氏度时，能够席卷一切的超级飓风就会出现……

战绩——断恐龙活路

有科学家认为，超级飓风可能是造成恐龙消失的原因之一。当时，陨石撞向地球，使海面温度提高并长期保持在50摄氏度以上，于是就产生多个超级飓风。超级飓风的风速达到每小时805千米，威力足以消灭恐龙！

今人忧天

全球变暖、彗星撞地球都会引发类似灾难。如果哪天超级飓风出现并登陆某个国家……我们就只能默哀了。

“巨浪”：海啸

海啸是一种灾难性海浪，通常由海底地震、山崩或火山爆发引起。

战绩——太平洋不太平

全球有记载的破坏性海啸大约有260次，平均六七年发生一次。发生在环太平洋地区的地震海啸占了约80%。

海啸发生时，它以每小时600～1000千米的高速，在毫无阻拦的洋面上驰骋1万～2万千米的路程，掀起10～40米高的巨浪，吞没波及到的一切。

今人忧天

地震和海啸是许多岛国最恐惧的灾难。海啸一旦发生，结果只有两种——惨烈和非常惨烈。在我们的邻国，许多人在为“日本沉没”这个可怕的假设而唉声叹气呢。

“灭顶之灾”：海平面上升

全球性海平面上升是由全球气候变暖、上层海水变热膨胀等原因引起的。

战绩——史前大洪水

你可能知道，许多神话故事中提到了几乎毁灭人类的大洪水，比如西方的“诺亚方舟”、东方的“女娲补天”。科学家们认为，洪水灭世的传说来自我们祖先对一场灾难的集体记忆。在冰河时期，全球有1/3 以上的大陆被冰雪覆盖。公元前 6100 年，冰河期结束，海平面突然上升，许多人类聚居地变成一片汪洋。他们估计，冰融后的海平面比冰河期上升了 100 多米！

今人忧天

海平面上升是一种缓发性的自然灾害，过程十分缓慢，不容易被大家重视。其实，就在我们看这本书的时候，两极冰盖正在发出“噼里啪啦”的碎裂声呢！如果南极冰盖发生崩解，会导致全球海平面上升近 60 米！

小链接：海平面上升 60 米是啥概念？

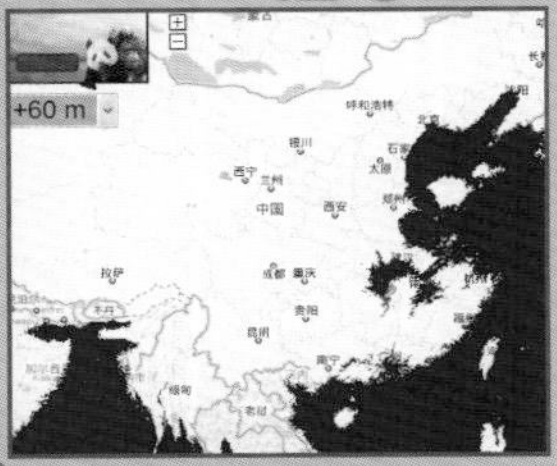

南极冰盖崩解后，我们的家是否还在？

你可以在地图上找找……

“海枯石烂”：海平面下降

全球变冷、小行星撞击等会造成海平面下降。你知道吗？海平面下降是比海平面上升还要可怕的灾难！

战绩——物种大灭绝，怎能少了它！

奥陶纪末灭绝事件、泥盆纪后期灭绝事件、二叠纪末生物大灭绝事件、三叠纪末生物大消亡和白垩纪末生物大消亡事件……这些曾经发生在地球上的可怕事件有一个共同点：海平面显著下降。

海平面大幅下降会导致大量海洋生物灭绝，这会对食物链产生严重影响。海洋面积的缩小还会使地球的气候变得极端，夏天酷热、冬季严寒，造成全球范围内的干旱。“海枯石烂”的传说不但不浪漫，反而相当可怕！在那些艰难的日子里，很多坚强的生命没有对严寒低头，却在干旱中哀号着倒下了。

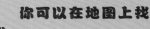

今人忧天

全球变暖不仅会造成海平面上升，还会在地球因融冰而“降温”之后，走向“全球变冷”的道路！随之而来的，就是无法阻止的海平面下降和物种大灭绝了。人类真的扛得住大自然的这套“组合拳”吗?

总之，谁也别想过舒服日子了。

“无尽酸楚”：海洋酸化

海洋与大气在不断进行着气体交换，排放到大气中的任何一种成分最终都会溶于海洋。海洋如果吸收了过多的酸性气体，“海水酸化”的大灾难就会出现。

战绩——二叠纪末生物大灭绝！

二叠纪末发生了有史以来最严重的大灭绝事件，一下子屠掉了地球上 96% 的物种！这个时期的地球脾气非常大，火山爆发、煤层燃烧……每天都有大量的二氧化碳和硫化氢被排进大气，然后被海水吸收。海水酸化后，称霸海洋近 3 亿年的那些生物因为酸碱失衡和食物链被破坏而灭绝。原本在生命进化的道路上甩出陆地八条街的海洋，被陆地一举逆袭，自此进入漫长的休养期。

如果不是这场大灭绝消灭了许多强悍的古生物，后来的“地球霸主”怎么也轮不到恐龙来当，如今的人类也很难坐上“万物之灵”这把交椅。

今人忧天

从工业革命开始，人类开采使用煤、石油和天然气等化石燃料，并砍伐了大量森林。至 21 世纪初，人类已经排出超过 5000 亿吨二氧化碳。2012 年，科学家们发现海洋正经历 3 亿年来最快速的酸化，这一酸化速度甚至超过了曾经生物灭绝时的酸化速度。在残酷的史前，大自然曾经用这种方式给我们除掉了很多可怕的对手，现在人类又用这种方式“作（zuō）”得十分开心……

小链接：

一些地区受海水酸化的影响，贝类大量减产。这是海洋对我们发出的“警告”。

大家在享受大海馈赠的美食美景的同时，千万不要忘记：大海温柔却无情。她随意打个喷嚏，就能摧毁我们的血肉之躯……

图书在版编目（CIP）数据

探秘海洋 / 少儿期刊中心科普编辑部编.
-- 青岛 :青岛出版社, 2016.1
ISBN 978-7-5552-3428-9

Ⅰ. ①探… Ⅱ. ①少… Ⅲ. ①海洋 - 少儿读物
Ⅳ. ①P7-49

中国版本图书馆CIP数据核字(2016)第018203号

书　　名	探秘海洋
编　　者	少儿期刊中心科普编辑部
出版发行	青岛出版社
社　　址	青岛市海尔路182号（266061）
本社网址	http://www.qdpub.com
邮购电话	0532 - 68068738
策　　划	连建军　黄东明
责任编辑	宋华丽
装帧设计	徐梦函
印　　刷	青岛国彩印刷有限公司
出版日期	2018年4月第1版　2019年5月第2次印刷
开　　本	16开（850mm × 1092mm)
印　　张	4.5
字　　数	60千
书　　号	ISBN 978-7-5552-3428-9
定　　价	25.80元

编校质量、盗版监督服务电话　400—653—2017　(0532)68068638